2354

L'ACIER A OUTILS

TOURS. — IMPRIMERIE DESLIS FRÈRES

OTTO THALLNER

INGÉNIEUR EN CHEF, CHEF DE LA FABRICATION AUX ACIÉRIES A OUTILS
DE BISMARKHUTTE

L'ACIER A OUTILS

MANUEL

TRAITANT

DE L'ACIER A OUTILS EN GÉNÉRAL

DE LA FAÇON DE LE TRAITER
AU COURS DES OPÉRATIONS DU FORGEAGE, DU RECUIT, DE LA TREMPE,
ET DES APPAREILS EMPLOYÉS A CET EFFET

A L'USAGE

DES MÉTALLURGISTES, FABRICANTS ET CHEFS D'ATELIER

TRADUIT DE L'ALLEMAND

PAR

ROSAMBERT

INGÉNIEUR DES ARTS ET MANUFACTURES,
ANCIEN INGÉNIEUR DES ACIÉRIES MARTIN ET AU CREUSET DE RESICZA,
CHEF DE SERVICE AUX ACIÉRIES DE FRANCE

———

PARIS

LIBRAIRIE POLYTECHNIQUE, CH. BÉRANGER, ÉDITEUR

SUCCESSEUR DE BAUDRY ET Cie

15, RUE DES SAINTS-PÈRES, 15

MAISON A LIÈGE, 21, RUE DE LA RÉGENCE

—

1900

PRÉFACE

Les modifications que font subir à l'acier à outils le forgeage, le recuit, la trempe, l'adoucissement, etc., ont été étudiées au point de vue théorique par Ledebur, Wedding, Reiser, Osmond, etc.

Les règles qu'on a pu déduire de la théorie, et qui doivent être observées lors de la mise en pratique de ces différentes opérations, sont en elles-mêmes fort simples et faciles à saisir ; elles ont été vulgarisées tant par les publications scientifiques des auteurs précités que par les *notices sur le traitement des aciers* que presque tous les producteurs d'aciers à outils remettent à leurs clients.

Ces notices, qui constituent d'ordinaire les seuls documents qu'aient à leur disposition, pour y puiser les renseignements relatifs à la nature et au mode de traitement du métal, ceux qui sont appelés à l'élaborer, sont généralement muettes quant *à la façon et aux moyens* de mettre en pratique les instructions qu'elles renferment. Il n'est pas rare que ces notices attribuent à l'acier qu'elles sont destinées à recommander, des propriétés mystérieuses ; souvent aussi elles engagent à conserver des installations primitives, peu judicieuses et difficiles à desservir.

Par contre, elles ne traitent que fort rarement ou très succinctement le fond même de la question, de telle sorte que les modifications subies par l'acier au cours des diffé-

rentes opérations de la fabrication des outils restent généralement incomprises, et que la nécessité d'établir des installations bien appropriées ne se présente même pas à l'idée.
D'autre part, les travaux publiés sur ce sujet par des praticiens sont rares, car ces derniers tiennent en général à ne
pas divulguer les résultats de leurs observations.

Ces circonstances expliquent pourquoi des dispositifs et
des procédés, qui dans la pratique ont fait leurs preuves, se
vulgarisent si peu.

Comme conséquence de cet état de choses précaire les fabri-
cants et les chefs de fabrication se voient souvent obligés
de renoncer à obtenir d'un outil tout le rendement dont il est
susceptible, et de travailler avec une dépense de temps,
d'argent et de matière première plus forte que celle qui,
avec des dispositifs et des méthodes perfectionnés, pourrait
suffire. Les chefs d'atelier et ouvriers préposés à la fabrication des outils sont ainsi obligés de puiser en eux-mêmes
leur expérience, et le plus souvent on s'en remet à eux du
soin de créer les dispositifs nécessaires pour assurer le succès
des opérations; ils ne possèdent en général aucune indication sur la *façon* de réaliser ce but.

Ce sont ces considérations qui m'ont engagé à composer
le petit ouvrage que voici, et qui est destiné principalement
à servir de guide aux chefs d'atelier et aux outilleurs; en raison de son but, il a été écrit exclusivement en vue des
besoins de la pratique.

Les sources auxquelles nous avons puisé les considérations théoriques qui ont trouvé place dans ce volume sont
les ouvrages scientifiques et les publications détachées des
auteurs cités précédemment.

Quant à la disposition générale des matières nous avons
pris modèle sur l'excellent ouvrage de F. Reiser : *la Trempe
de l'acier en théorie et en pratique.*

Toutes les recettes que nous donnons et toutes les installations que nous décrivons ont reçu la sanction de la pratique; elles seront utiles, dans l'exécution d'une tâche qui
exige beaucoup de connaissances et d'expérience, aux chefs
d'atelier et aux opérateurs chargés de la mise en pratique des
opérations diverses de la fabrication des outils.

THALLNER.

INTRODUCTION

Presque tous les produits de la sydérurgie, depuis la fonte jusqu'au fer soudé ou fondu qui ne durcit plus à la trempe, ont leur place indiquée dans la fabrication des outils en général ; mais la confection de ce que, dans le sens restreint du mot, on appelle un outil, exige un métal susceptible de prendre la trempe et désigné communément sous le nom d'*acier à outils*.

Souvent on caractérise l'acier à outils par le procédé métallurgique qui lui a donné naissance ; on connaît ainsi : l'*acier fondu*, l'*acier soudé*. On distingue aussi suivant le mode de fabrication : l'*acier Bessemer*, l'*acier Martin*, l'*acier au creuset* (acier fondu au creuset), l'*acier puddlé*, l'*acier corroyé*, etc.; ou encore, d'après certaines particularités : l'*acier naturellement dur*, l'*acier à noyau dur*, l'*acier à noyau doux*, l'*acier au tungstène, au chrome, au nickel*, etc.; enfin on classe aussi les aciers d'après les usages auxquels chacun d'eux convient le mieux : aciers pour coutellerie, aciers pour faux, aciers pour aimants, molettes, bouterolles, burins, etc.

En dehors de ces désignations, il en existe d'autres, purement symboliques, telles que : *acier diamant, Boréas, Atlas, Infernal, acier universel*, etc., et d'autres encore tendant à faire supposer un alliage métallique propre à améliorer le

métal, mais qui, généralement, n'existe pas : *acier au titane,
à l'aluminium, au vanadium*, etc.

Le produit le plus *précieux* que fournit au fabricant
d'acier à outils la métallurgie du fer est sans contredit l'*acier
au creuset*, autrement dit celui qui est obtenu par fusion au
creuset de matières premières de premier ordre et d'une
pureté irréprochable.

Ce procédé a pour but l'obtention d'un métal parfaitement
homogène, contenant le moins possible d'impuretés nuisibles et dans la préparation duquel on s'est attaché à
écarter toutes les causes qui auraient pu donner lieu à des
défauts de fabrication capables d'en altérer la qualité.

Dans ces conditions il est naturel que le *prix* de l'acier au
creuset soit élevé et qu'on tende à lui substituer, pour les
usages secondaires, les aciers fondus, fabriqués au four
Martin ou au convertisseur Bessemer.

Ces aciers sont généralement livrés à la consommation
sous le nom d'*acier fondu*, et les clients qui les achètent
se figurent avoir fait acquisition d'*acier au creuset*.

Le métal mis en circulation et employé pour la fabrication des outils sous le nom d'*acier soudé*, est d'ordinaire
un acier qui se soude et prend la trempe, sans que cette désignation implique qu'il ait été obtenu par soudage; c'est, dans
la plupart des cas, un *acier fondu capable de se souder*.

L'ACIER A OUTILS

COMPOSITION DES ACIERS A OUTILS

ET LEUR CLASSIFICATION D'APRÈS CETTE COMPOSITION

On désigne, en toute généralité, par *aciers* les produits ferreux qui, chauffés au rouge et refroidis brusquement, deviennent susceptibles de durcir au point de ne plus donner prise à la lime. Cette propriété est communiquée au métal par une teneur de 0,5 à 2 $^0/_0$ de *carbone*.

Lorsque la teneur en carbone[1] s'abaisse au-dessous de 0,5 $^0/_0$, l'effet de la trempe n'est plus assez énergique; si, au contraire, elle s'élève au-dessus de 2 $^0/_0$, le métal devient de la fonte et perd non seulement la propriété de durcir à la trempe, mais encore celle de se laisser forger.

Des recherches scientifiques ont établi que le carbone existe dans les aciers sous plusieurs états différents dont voici les principaux :

a) Le *carbone combiné* au fer, c'est-à-dire formant avec celui-ci une combinaison chimique (*carbone de trempe, carbone du carbure*). Cette forme du carbone apparaît comme

---

1. La transition du fer, qui ne trempe pas, à l'acier qui durcit à la trempe, est graduelle ; la limite entre ces deux catégories de produits ferreux ne saurait s'exprimer par la teneur en carbone seule; la limite indiquée ci-dessus se rapporte à l'acier au creuset du degré de dureté le plus faible qui soit utilisé pour la fabrication d'outils trempés.

étant celle qui communique à l'acier la propriété de durcir à la trempe. La théorie de ce phénomène est la suivante.

Quand on laisse refroidir lentement, à partir de sa température de fusion, du fer carburé, le carbone entre en combinaison avec une partie du fer ; le composé ainsi formé se ramifie à travers toute la masse du métal, sous forme de réseau (*carbure*).

Si l'on chauffe le métal au rouge cerise, tout le carbone qu'il contient se dissout uniformément dans la masse métallique et y existe alors à l'état de carbone de trempe. Si, à ce moment, on soumet l'acier à un refroidissement brusque, le carbone reste fixé à cet état, et *l'acier se trouve durci par la trempe.*

Si, au contraire, on laisse refroidir lentement le métal, le carbone se sépare du fer dans lequel il était dissous uniformément, et reforme à nouveau, avec une partie de ce fer, le réseau de *carbure*.

Plus est forte la quantité de carbone disponible (carbure), plus l'opération de la trempe pourra en fixer à l'état de carbone de trempe et plus le durcissement communiqué à l'acier sera considérable.

b) Le carbone peut, d'autre part, exister à l'état libre, sous forme de particules visiblement intercalées entre les molécules de fer (*carbone de recuit*, *graphite*).

Le *graphite*, que l'opération de la trempe ne transforme pas en carbone de trempe, ne peut, par suite, exercer aucune action durcissante. Elément principal de la fonte grise, il ne se rencontre que fort rarement dans l'acier à outils, et sa présence, si elle se produit, ne saurait avoir sur les qualités du métal qu'une influence fâcheuse.

En dehors du fer et du carbone, l'acier contient encore d'autres substances qui s'y introduisent accidentellement, ou qu'on y incorpore volontairement et dans un but déterminé. Les principaux corps appartenant à la première de ces deux catégories sont : le phosphore, le soufre, le cuivre, l'arsenic, dont l'action sur l'acier est toujours nuisible.

Quelques dix-millièmes de l'une quelconque de ces substances suffisent à rendre un acier en partie ou tout à fait impropre à la confection des outils. La qualité de l'acier dépend de sa teneur en éléments nuisibles, et la somme des quantités de ces éléments qui s'y rencontrent peut fournir une expression numérique de la qualité du métal.

Au cours de la fabrication de l'acier à outils on cherche naturellement à écarter, le mieux que l'on peut, toutes les circonstances qui pourraient introduire des impuretés; on n'emploiera généralement que des matières premières exemptes elles-mêmes d'éléments nuisibles. Il résulte de là que les produits finis n'en contiennent jamais que des quantités tellement faibles, que l'examen de leurs propriétés physiques ne saurait en révéler de suite la présence. Quelle que soit d'ailleurs la nature des éléments nuisibles, leur action se traduit généralement par une grande fragilité du métal trempé. Lorsque la teneur en éléments nuisibles est plus considérable, l'acier devient fragile même avant d'avoir subi l'opération de la trempe[1].

1. On a effectué aux aciéries de Bismarkhütte de nombreux essais pratiques, menés de front avec des recherches chimiques, et ayant pour but de déterminer l'influence du degré d'impureté sur la valeur et les qualités de l'acier à outils; on est arrivé à conclure que dans ce métal la somme des teneurs en soufre, cuivre, phosphore, ne doit pas dépasser 0,06 % si l'on veut obtenir un métal de « très bonne qualité ». Un acier à outils dont la teneur en soufre, cuivre, phosphore, atteint 0,10 %, peut encore être désigné comme étant de « bonne » qualité; mais au delà, la qualité du métal doit être qualifiée de médiocre ou de mauvaise.

La ténacité de l'acier variant en sens inverse de son degré de carburation, l'influence des éléments nuisibles sera d'autant plus vive que l'acier sera plus dur, de telle sorte que les chiffres précédents devront être légèrement abaissés pour les aciers durs et pourront être forcés légèrement quand il s'agira d'aciers plus doux.

L'acier au creuset contient généralement, comme élément qui s'y est introduit involontairement, une certaine quantité de *silicium* que le métal a absorbé pendant la fusion, au contact des parois du creuset; mais cette teneur en silicium est presque toujours trop faible pour exercer sur la qualité du métal une influence marquée.

Une teneur plus élevée en silicium augmente le mordant de l'acier, mais aussi sa fragilité, et devient nuisible lorsque le silicium en excès provoque la séparation partielle du carbone à l'état de graphite. Un acier ainsi dénaturé montre, dans la cassure, du grain foncé.

Les corps que l'on incorpore *intentionnellement* à l'acier, en vue d'en améliorer les propriétés, sont les suivants : le manganèse, le tungstène, le chrome, le nickel, plus rarement le molybdène et d'autres métaux.

MANGANÈSE

Tout acier à outils contient du *manganèse;* les aciers à outils ordinaires en contiennent ordinairement de 0,2 à 0,5 %.

Le manganèse, tant que la teneur en reste comprise dans les limites indiquées, n'a qu'une influence peu sensible sur les propriétés du métal fini; il en augmente légèrement la résistance et la dureté et lui donne un mordant un peu plus vif.

Pendant la fusion de l'acier, par contre, le manganèse joue un rôle important. Il absorbe les gaz, détruit les oxydes qui se trouvent en assez forte dose dans le bain d'acier fondu, et contribue ainsi à la formation d'un métal dense et sans soufflures.

Sous le nom d'*aciers au manganèse*, on trouve dans le commerce des métaux pour outils, dont la teneur reste comprise dans les limites indiquées précédemment, et qui probablement ne sont désignés ainsi que pour indiquer qu'au cours de leur fabrication ils ont été fondus avec une addition de manganèse, qui les a rendus moins poreux et moins sujets à criquer que les aciers ordinaires. L'*acier au manganèse* véritable, autrement dit l'acier à haute teneur en manganèse (8 à 20 %), possède des qualités toutes spéciales de résistance et de ténacité et une dureté naturelle telle, qu'il devient presque impossible de le travailler.

Cet acier au manganèse est livré à la consommation sous forme de produits finis, tels que : haches, cognées, etc. ; il est employé aussi pour la confection de certaines pièces de machines qu'on désire particulièrement dures et résistantes.

TUNGSTÈNE

On donne à l'acier à outils une teneur en *tungstène* lorsque l'on veut augmenter notablement la dureté du métal, tout en en développant les propriétés résistantes.

L'acier à outils peut contenir jusqu'à 10 % de tungstène : cette teneur est rarement dépassée. D'ordinaire, la proportion de tungstène varie entre 2 et 6 % ; parfois (tout particulièrement dans les aciers de provenance anglaise) on en trouve moins de 1 %.

Une teneur en tungstène de plus de 2 % suffit pour communiquer à l'acier, même à l'état naturel, c'est-à-dire non trempé, une texture à grain très fin, d'un velouté caractéristique ; après trempe, l'acier au tungstène, même quand sa teneur en tungstène est faible, montre une texture très serrée et une cassure soyeuse ; lorsque la teneur en tungstène augmente, la structure du métal devient tellement fine et veloutée qu'il est impossible de distinguer le grain à l'œil nu.

Les additions de tungstène ont pour effet d'augmenter la dureté de l'acier et d'en fortifier le tranchant ; par contre, elles en abaissent la ténacité à l'état trempé. Il en résulte que les aciers au tungstène ne sont guère employés qu'à la fabrication d'outils travaillant sans choc et devant présenter beaucoup de dureté et un mordant très vif.

Soumis à une série de chaudes successives, les aciers au tungstène et au chrome perdent plus rapidement leur bonne qualité que ceux qui ne contiennent point ces éléments. Leur mordant s'altère rapidement ; ils deviennent plus fragiles et ont une tendance plus grande d'éclater à la trempe. Ces aciers craignent le feu et sont très sensibles aux excès de chaleur.

CHROME

Les additions de *chrome*, dans l'acier à outils, se font dans le même but que les additions de tungstène ; pourtant le résultat final n'est point le même ; le chrome en effet n'agit pas d'une manière aussi énergique que le tungstène, mais il rend le métal beaucoup plus fragile.

La proportion de chrome dans les aciers à outils peut atteindre 3 $^0/_0$; elle est d'ordinaire de 2,5 $^0/_0$ dans les aciers chromés très durs, pour outils de tour ; plus rarement on trouve le chrome en teneur de moins de 1 $^0/_0$ dans des aciers plus doux (et dans certaines catégories d'aciers de provenance anglaise).

La propriété du chrome, d'augmenter considérablement l'élasticité de l'acier et de lui communiquer une résistance au choc toute particulière, a fait appliquer avec succès le métal chromé à la fabrication des obus, et, en y incorporant du nickel, on a obtenu un métal qui est employé de préférence pour la fabrication des plaques de blindage.

NICKEL

Le *nickel* améliore notablement les propriétés de résistance de l'acier ; il en augmente sensiblement la dureté et la ténacité à l'état naturel ; mais dans le métal trempé son action n'est pas aussi énergique que celle du tungstène ou du chrome. Aussi renonce-t-on à l'utiliser dans la fabrication des aciers à outils, et ne l'emploie-t-on généralement que dans la construction de pièces qui ne doivent pas recevoir la trempe.

C'est ainsi que l'acier au nickel trouve de fréquentes applications dans la construction de certains organes de machine, tels que : arbres de machines marines, boutons de manivelles, etc., devant résister à des efforts considérables et auxquelles on veut donner des dimensions aussi faibles que possible pour en diminuer soit le poids, soit le volume ; en grand, l'acier au nickel sert à fabriquer des plaques de blindage, des tubes à canon, etc.

Les aciers au nickel tiennent de 6 à 10 $^0/_0$ de nickel. Leurs propriétés de résistance atteignent leur développement le plus complet quand l'acier tient un peu plus de 5 $^0/_0$ de nickel; mais ce métal acquiert alors une dureté naturelle telle, qu'il devient excessivement difficile de le travailler à froid.

MOLYBDÈNE, TITANE, VANADIUM

On incorpore rarement à l'acier du *molybdène*, le prix fort élevé de ce métal n'en permettant pas un usage courant, et son action différant tellement peu de celle du tungstène qu'il peut être avantageusement remplacé par ce corps.

Le *titane* et le *vanadium* ne sont pas employés dans la fabrication des aciers à outils ; leur prix élevé et la difficulté de les allier convenablement à l'acier s'opposent à leur emploi.

On a fabriqué en petites quantités des aciers au titane et au vanadium, afin d'étudier les propriétés particulières de ces alliages métalliques, et l'on a trouvé que le titane communique à l'acier une *dureté* spéciale, tandis que le vanadium lui donne une *ténacité* remarquable.

On rencontre néanmoins, dans le commerce, des aciers (principalement de provenance anglaise) portant les marques : acier au titane, au molybdène, au vanadium, — et qui, bien entendu, ne contiennent aucun de ces éléments.

CLASSIFICATION DES ACIERS A OUTILS
D'APRÈS LEUR DEGRÉ DE DURETÉ ET LEUR EMPLOI

En tant qu'il s'agit d'aciers fondus au creuset, on peut diviser les aciers à outils, livrés au commerce, en deux groupes :

a) Les aciers à outils qui doivent leur dureté exclusivement à leur teneur en carbone, et exempts de toute substance additionnelle capable d'augmenter cette dureté ;

b) Les aciers à outils qui, outre le carbone, contiennent d'autres éléments actifs capables d'en augmenter la dureté et que, dans la pratique, on désigne sous le nom général d'aciers spéciaux, ou, plus particulièrement, d'après les éléments additionnels qu'ils contiennent (aciers au chrome, au tungstène, au nickel, etc.).

L'acier à outils livré au commerce porte presque toujours une marque et une étiquette en couleur. Sur cette dernière se trouvent indiqués, outre la provenance et la marque de fabrique, le degré de dureté, les applications principales, enfin les températures à observer pour le forgeage et la trempe.

Certaines fabriques d'aciers au creuset donnent à leurs produits une numération correspondant à la teneur en carbone (par exemple : n° 7 à l'acier contenant $0,70 \, ^0/_0$ de carbone). D'autres usines emploient, pour caractériser le degré de dureté, des expressions spéciales : très dur, fort dur, extra-dur, dur, demi-dur, dur tenace, tenace, très tenace, doux. Plus rarement, on fait suivre ces désignations par les teneurs en carbone exprimées en centièmes.

La couleur de l'étiquette est choisie généralement de telle

façon que l'acier le plus dur reçoive l'étiquette de la couleur
la plus claire, et l'acier le plus doux, celle de la couleur la
plus sombre.

Il est d'usage que les aciers désignés sous le nom d'aciers
spéciaux, et qui sont ordinairement des aciers au *tungstène*
ou au *chrome*, portent des étiquettes différant par le texte
et la couleur de celles que l'on colle sur les aciers à outils
ordinaires.

Les désignations caractéristiques que nous venons d'énumérer et qui sont destinées à fournir une indication sur le
degré de dureté, sont en usage chez la plupart des producteurs d'aciers à outils, mais sans que, d'usine à usine, les
métaux classés sous une même désignation soient forcément comparables, soit au point de vue de leur degré de
dureté, soit à celui de leur teneur en carbone. Telle usine,
par exemple, désignera par *fort dur* un acier à 1,2 $^0/_0$ de
carbone, qu'une autre classera parmi les aciers *demi-durs*
ou *durs*. Un acier à 0,6 $^0/_0$ de carbone pourra être désigné
par « doux », « tenace » et même « dur tenace », suivant
la classification en usage dans l'usine dont il provient.

Malgré tout, ces désignations remplissent leur but ; elles
permettent au *client*, en invoquant une marque déterminée,
de pouvoir toujours se fournir chez le même fabricant, d'un
métal possédant le même degré de dureté. C'est l'essentiel,
car, lorsqu'on examine différentes qualités d'acier, en vue
de les appliquer à un usage déterminé, on trouve que la
teneur en carbone n'est point du tout l'unique facteur dont
on doive tenir compte.

En règle générale, on pourra admettre qu'un acier, devant
répondre à un but déterminé, pourra être pris d'autant plus
dur qu'il sera plus pur, c'est-à-dire moins souillé d'éléments
nuisibles (soufre, cuivre, phosphore, etc.).

Plus le métal que l'on emploiera à la fabrication d'un

outil déterminé pourra être pris dur, plus sera grand le *rendement* de cet outil, mais plus seront délicats et minutieux les soins à donner à l'acier, au cours de la fabrication de l'outil.

Cependant, dans la pratique, ce n'est point toujours d'après le rendement d'un outil que l'on juge si la qualité du métal dont on s'est servi pour le fabriquer est convenable.

Le plus souvent on appréciera l'acier selon la manière plus ou moins facile dont il se laisse travailler, et l'on préférera celui qui n'exigera pas de la part des ouvriers, forgerons, outilleurs ou trempeurs, une habileté particulière ou des soins spéciaux, et qui se prêtera aux opérations importantes du forgeage, du chauffage et de la trempe sans qu'il soit besoin d'avoir recours à des dispositifs spéciaux.

Les aciers doux pour outils sont moins exposés à se surchauffer que les aciers durs ; en raison de leur ténacité plus grande, ils sont moins sujets à éclater à la trempe et exigent par conséquent moins de précaution au cours de leur élaboration ; aussi leur emploi dans la pratique est-il beaucoup plus répandu que celui des aciers durs. C'est là l'une des raisons pour lesquelles s'est développé l'emploi des aciers Bessemer et Martin, là même où l'on devrait employer de préférence les aciers fondus au creuset, plus durs et résistant mieux à la fatigue. Il est vrai que la résistance plus grande d'un outil ne dépend pas seulement de la dureté plus considérable de l'acier qui a servi à le fabriquer, mais encore de l'attention et des soins apportés au traitement du métal par des ouvriers forgerons et trempeurs consciencieux et bien stylés.

Ce qui vient d'être dit montre qu'il est superflu de rechercher une règle, fût-elle générale, qui permette de déterminer le degré de dureté à adopter pour un outil devant

répondre à un but déterminé. Aussi nous bornerons-nous
à indiquer ici la *classification* des aciers à outils d'après
leur degré de dureté et leur emploi, telle que cette classification est en usage aux aciéries de Bismarkhütte.

DEGRÉ DE DURETÉ	TENEUR MOYENNE EN CARBONE	EMPLOI
Très dur.........	1,5	Pour outils à tourner, forer, raboter, aléser des matières très dures.
Dur	1,25	Pour outils ordinaires de tour et de machines à raboter, fleurets de mine, pics à tailler les meules, grattoirs, etc., puis pour outils à trancher des matières dures.
Demi-dur........	1,00	Pour tarauds, forets en spirale, alésoirs, fraises, coins à frapper, poinçons, enfin pour les outils les plus divers de chaudronnerie et de forge.
Dur tenace	0,85	Pour tarauds, fraises, alésoirs, matrices, étampes, crapaudines, pivots, burins, tranches, etc.
Tenace..........	0,75	Pour burins, tranches, ressorts, marteaux, etc.
Doux............	0,65	Pour outils de forge, bouterolles; métal soudable pour aciérage d'outils fins.

ACIERS SPÉCIAUX

Les espèces principales d'*aciers spéciaux* qu'on rencontre
dans le commerce, et dont la dureté est due à l'action combinée du carbone, d'une part, et du tungstène ou du chrome,
de l'autre, sont les suivantes :

Les *aciers à outils naturellement durs* (connus sous les noms d'acier Boreas et d'acier Mushet);

Les *aciers spéciaux pour outils de tours;*

Les *aciers pour aimants.*

La propriété caractéristique des aciers naturellement durs est d'avoir une dureté telle, qu'ils peuvent être transformés en outils tranchants travaillant sans chocs et n'ayant pas besoin d'être trempés.

Ces aciers deviennent plus durs quand on les laisse refroidir lentement à partir du rouge cerise, que lorsqu'on les refroidit brusquement; leur façon de se comporter à la trempe est donc l'inverse de celle des aciers ordinaires pour outils.

Les avantages que l'on retire de l'emploi des aciers naturellement durs sont les suivants : leur dureté n'est que fort peu diminuée par les échauffements résultant soit de l'emploi de tours à rotation rapide, soit d'une grande fatigue de l'outil, quand ce dernier travaille des matières très dures, ou quand il enlève des copeaux de fortes dimensions.

L'acier naturellement dur doit ses propriétés à des teneurs élevées en manganèse, silicium ou tungstène. Le tableau ci-dessous donne quelques analyses d'aciers de cette catégorie :

	CARBONE	MANGANÈSE	SILICIUM	TUNGSTÈNE
Acier anglais Mushet......	1,71	1,80	0,81	7,75
Acier de Styrie............	1,78	1,85	1,01	9,72
Acier naturellement dur de Bismarkhütte............	2,04	1,78	1,08	9,50

Les *aciers très durs pour outils de tours* renferment 1 à 1,50 $^0/_0$ de carbone, 3 à 6 $^0/_0$ de tungstène; le silicium et le manganèse s'y trouvent dans les mêmes proportions que dans les aciers à outils ordinaires.

On rencontre aussi, mais plus rarement, des aciers de
cette espèce, à teneur plus faible en tungstène, mais plus
forte en manganèse ou en silicium ; c'est le cas des aciers
spéciaux fabriqués par Marsh Brothers, et qui n'ont que
1,80 $^0/_0$ de tungstène, mais qui tiennent, en outre, 1,80 $^0/_0$
de manganèse.

Les différentes espèces d'aciers spéciaux dont la dureté
est notablement augmentée par une forte teneur en tungstène exigent, lorsqu'on les soumet aux opérations de la
trempe, un traitement particulier et des précautions spéciales, si l'on veut que la dureté du métal se manifeste
complètement, sans que la pièce trempée n'éclate sous
l'influence des tensions énormes qui s'y produisent. Pour
assurer à ces aciers un traitement convenable, lors de la
trempe, on les accompagne généralement d'instructions
détaillées relatives à la façon de les tremper.

Les *aciers pour aimants*[1] ont une composition analogue à
celle des aciers spéciaux ; ils contiennent d'ordinaire une
aussi forte dose de tungstène que les précédents, cet élément ayant pour effet d'améliorer d'une façon remarquable
les propriétés magnétiques de l'acier. La question du mordant se trouvant être, dans ce cas particulier, absolument
secondaire, on donne aux aciers pour aimants une composition chimique de nature à exalter le mieux possible leurs
propriétés magnétiques.

Il existe d'autres espèces d'*aciers spéciaux*, et elles sont
nombreuses, dont la composition chimique ne diffère point
de celle des aciers à outils ordinaires ; on les désigne d'après

---

1. On peut admettre que la force coercitive (c'est-à-dire la force qui fixe le
magnétisme) et la quantité de magnétisme absorbé sont d'autant plus grandes
que la dureté de l'acier est considérable. Le silicium et le manganèse qui ne
peuvent jamais s'éviter complètement dans l'acier ont une influence qui
dépend de la dose à laquelle ils se trouvent dans le métal.

l'emploi auquel ils sont plus particulièrement destinés et auquel ils conviennent le mieux.

Pour répondre à un but déterminé, certains aciers pour outils doivent présenter dans leur section des degrés de dureté différents. On arrive à ce résultat en soudant du fer ou de l'acier doux sur de l'acier dur. Cette opération doit être faite au moment où l'on coule le lingot brut.

Les croquis suivants donnent une idée de la constitution de quelques-uns des aciers de cette catégorie.

Ces croquis représentent les sections des barreaux d'acier ; les parties hachurées indiquent le métal dur.

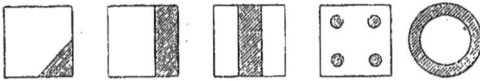

Cet acier est employé à la fabrication d'outils de tous genres, dont le tranchant doit être en acier dur et le corps en fer ou en acier doux ; on s'en sert aussi pour fabriquer des plaques de blindage.

L'acier à outils que l'on trouve dans le commerce sous la désignation d'*acier à noyau doux* est très dur à la surface, très doux au centre.

La transition du degré de dureté le plus élevé au degré de dureté le plus bas s'effectue graduellement sans démarcation tranchée.

Ce métal est obtenu en pratiquant la cémentation sur de l'acier doux.

On arrêtera la carburation dès que son action aura été assez profonde. La façon de préparer cet acier donne facilement naissance à un produit de composition irrégulière ; aussi l'emploie-t-on peu pour la fabrication des outils.

Par contre, les aciers à noyaux doux, ayant une couche superficielle dure, peu profonde, sont d'un emploi avantageux dans la construction de certains organes de machine auxquels on veut conserver une grande ténacité, tout en cherchant à leur donner une écorce dure destinée à les préserver d'une usure trop rapide; c'est ce qui a lieu pour les boutons de manivelles et les arbres de dynamo et autres dont les tourillons reçoivent une trempe superficielle qui n'affecte pas les couches intérieures, lesquelles doivent rester tenaces et élastiques.

OBSERVATIONS SUR L'ASPECT EXTÉRIEUR
DE L'ACIER A OUTILS LIVRÉ AU COMMERCE

Involontairement, l'attention du consommateur d'aciers à outils se porte avant tout sur l'aspect extérieur du métal qui lui a été livré.

Les observations relatives à la qualité de l'acier, qui résultent de cet examen, portent sur l'aspect de la cassure et la netteté de la surface.

Les aciers provenant de fabrications soignées et contrôlées offrent rarement des défauts visibles dans leur cassure ou à leur surface.

Sur la surface de l'acier on peut relever les défauts suivants:

Pailles. — S'allongent en lignes courbes qui se rattachent les unes aux autres. Ces pailles proviennent soit de grains liquatés qui se sont formés à la surface des blocs et qu'on n'a pas éloignés, soit, plus rarement, de particules de scories ou de gouttes froides résultant de la coulée du métal. Il est rare que les pailles soient dues au forgeage défectueux ou à un mauvais laminage.

Fentes. — Elles se dessinent sur la surface du métal en traits courts, parallèles à l'axe d'étirage, et se présentent soit isolées, soit par groupes ; dissimulées partiellement sous la couche d'oxydes qui recouvre l'acier, elles sont faciles à mettre à découvert par la lime. Elles proviennent de souf- flures qui, lors de la coulée de l'acier, se sont formées presqu'à fleur de peau.

Coutures. — Elles résultent de l'écoulement latéral du métal pendant le laminage ou le forgeage, puis du repliage ou du refoulement au cours des passes suivantes de la matière qui a ainsi débordé. Elles sont toujours parallèles à la direction de l'étirage et se reproduisent généralement sur deux faces ou sur deux arêtes ; plus rarement elles n'affectent qu'une seule face, ou encore elles alternent d'une face à l'autre ou d'une arête à l'autre.

Dans les aciers laminés elles échappent souvent au con- trôle, par suite de la couche d'oxydes qui recouvre le métal.

Criques. — Les criques sont des fissures transversales, qui déchirent le métal normalement à la direction de l'éti- rage, et qui affectent les arêtes des blocs d'acier ; ces criques permettent de conclure que le métal est rouverin ou qu'il a été fortement surchauffé (brûlé). L'acier criqué devient naturellement impropre à la fabrication des outils.

L'emploi de pièces en acier, dont la surface externe révèle l'existence des défauts que nous venons de signaler, expose à fabriquer des outils impropres à tout usage, et c'est ici

que prennent leur origine les fentes et tappures qui se produiront pendant la trempe.

L'*aspect de la cassure* d'un acier à l'état naturel, c'est-à-
dire n'ayant pas subi l'opération de la trempe peut rensei-
gner, imparfaitement il est vrai, sur la dureté du métal,
mais ne saurait fournir aucune indication sur sa qualité.

Les aciers doux ont une texture à gros grains; les aciers
durs, une texture qui d'ordinaire est à grain fin. De deux
aciers, le plus carburé présentera le grain le plus fin,
pourvu que l'observation porte sur des cassures obtenues
dans des conditions identiques.

Lorsqu'une cassure présente le gros grain caractéristique
de l'acier doux, mais encadré d'une bordure plus foncée
dans laquelle le grain s'est perdu et a fait place à une texture
fibreuse, on pourra conclure que l'acier d'où provient cette
cassure est très doux et n'a qu'une faible teneur en carbone (soit moins de 0,6 $^0/_0$ de carbone pour moins de
0,3 $^0/_0$ de manganèse).

Si l'aspect d'une cassure d'acier montre un grain fin,
mais qu'on y puisse découvrir une bordure sombre et terne,
on pourra conclure à la présence de carbone graphitique
(carbone de recuit). Les effets de la trempe sur les aciers
entachés de cette tare sont irréguliers et insuffisants; on
devra donc proscrire ces aciers comme impropres à la fabrication des outils. Dans la cassure d'un acier à outils on peut
relever les défauts suivants :

1° *Pailles*. — Se rencontrent au centre, plus rarement
vers les bords de la cassure.

Quand elles sont situées sur les bords de la cassure, elles
proviennent de soufflures; quand elles se rencontrent au
centre, elles prennent leur origine dans l'entonnoir de ravalement.

2° *Taches*. — Figures de forme symétrique, à l'intérieur

desquelles le grain est soit plus gros, soit plus fin que dans les parties environnantes. Ces taches proviennent de liquations qui se produisent au cours du refroidissement du bloc d'acier après la coulée ; l'analyse chimique montre que ces taches ont une composition qui diffère de celle du métal qui les englobe. Lorsque la cassure d'un acier présentant cette tare, après avoir été préalablement limée, meulée et polie, est soumise à l'attaque par un acide, on voit se dessiner, sur la surface ainsi préparée, des figures assez nettement délimitées, qui se distinguent les unes des autres par leurs teintes et qui correspondent à des portions de métal n'ayant ni même dureté, ni même analyse chimique.

3° Lorsque l'on recoupe un barreau d'acier, selon les besoins de la fabrication, il peut se faire que l'on mette à découvert au centre même du barreau des *solutions de continuité*. Celles-ci peuvent être attribuées au prolongement de l'entonnoir de ravalement, mais le plus souvent elles résultent de déchirures qu'a subies l'acier au cours du forgeage.

Durant le forgeage le barreau d'acier est presque toujours moins chaud en son milieu qu'à ses extrémités ; de là, des ruptures internes. Les solutions de continuité qui proviennent de ce fait atteignent rarement la croûte extérieure des pièces et échappent, par suite, à tout contrôle. Ces défauts, résultats d'un forgeage défectueux, sont d'autant plus fréquents que l'acier est plus dur, et que les dimensions des pièces sont plus petites ou plus minces.

La plupart des producteurs d'aciers à outils s'appliquent par tous les moyens à éliminer les défauts qui pourraient entacher la surface ou l'intérieur des aciers qu'ils livrent à la consommation. Ils soumettent les produits de leur fabrication à un contrôle sévère et ne les lancent sur le marché qu'après avoir acquis la certitude qu'ils ne sont atteints d'aucune tare.

OBSERVATIONS RELATIVES A LA CASSURE
DES ACIERS ET A LEUR STRUCTURE A L'ÉTAT NATUREL
OU TREMPÉ

Une pratique considérable et une longue expérience permettent seules de préjuger avec quelque certitude, de la qualité et du degré de dureté approximatif d'un acier, d'après l'aspect de la cassure, celle-ci ne présentant d'ailleurs aucun défaut apparent.

On a vu plus haut que la texture de l'acier est à grain d'autant plus fin que la dureté du métal est plus considérable.

Pourtant deux barreaux d'un même acier, et par conséquent de même dureté, peuvent présenter des cassures toutes différentes, si les opérations qu'ils ont subies avant d'être cassés ont été elles-mêmes différentes et si, ces opérations terminées, ils ont été refroidis à partir de températures différentes.

Portons à l'incandescence un barreau d'acier à outils, laissons-le refroidir lentement ; puis, à froid, pratiquons une entaille à l'endroit du barreau dont nous nous proposons d'examiner la cassure et cassons, toujours à froid, le barreau en cet endroit. La cassure ainsi obtenue montrera le grain le plus gros compatible avec le degré de dureté du métal examiné. Les circonstances principales dont dépend l'aspect des cassures des aciers à outils non trempés et tels qu'ils sont livrés au commerce sont les suivantes :

1° *La température à partir de laquelle l'acier a été refroidi au cours de la passe qui a précédé la rupture.* — Les défor-

PLANCHE I

L'INCANDESCENCE est observée dans un endroit sombre et la température correspondante est exprimée en degrés C.	OBSERVATIONS auxquelles donne lieu la cassure de l'acier porté aux températures indiquées ci-contre puis livré au refroidissement lent	DURETÉ	OBSERVATIONS auxquelles donne lieu l'acier chauffé aux températures indiquées ci-contre, puis trempé	APPLICATION PRATIQUE DES TEMPÉRATURES PRÉCÉDENTES			
				Au soudage	Au forgeage	Au recuit	A la trempe
Blanc éblouissant L'acier lance des étincelles. **1500°** — **Blanc sale 1200°**	Structure cristalline à très gros grains d'un éclat blanc caractéristique brillant.	Dureté et fragilité maxima, à la surface des ensembles particulièrement durs, grains durs.	Écorce : D'un brillant métallique, blanc ; presque toujours des criques. Cassure : Structure cristalline à gros grains, d'un éclat blanc brillant, caractéristique. Le métal est brûlé ou fortement surchauffé.	Chaleur soudante applicable au fer doux. — Chaleur soudante convenant aux aciers soudés proprement dits.	Ces températures ne doivent jamais être atteintes au cours du forgeage de l'acier, sous peine de voir le métal s'altérer.	Ces températures ne doivent pas être employées; elles conduiraient à l'altération du métal.	Des outils trempés à cette température ne sont d'aucun emploi, par suite de leur trop grande fragilité. Ils se fendent soit pendant, soit bientôt après la trempe.
Orangé clair 1100° — **Orangé foncé 1000°**	Structure cristalline à gros grains; sur les bords on trouve en quantité plus ou moins grande du grain encore plus petit, d'un blanc brillant.	Dureté moindre, d'un degré constant sous le poids de la masse métallique.	Écorce : Aspect métallique terne ; par places, et principalement vers les bords, du grain plus gros, clair et d'un éclat blanc brillant. Le métal est fortement surchauffé.	Chaleur soudante applicable à l'acier au creuset soudable et de faible dureté. — Chaleur soudante à employer pour les aciers durs au creuset, qui ne se soudent plus qu'avec l'intervention de poudres à souder.	Chaleur de forgeage applicable aux aciers doux.		Température de trempe applicable aux aciers peu sensibles aux effets de la trempe, ou à la trempe en paquets.
Cerise clair 900°	Structure à grains assez gros, sensiblement uniforme.	Dureté plus grande, mais encore fragile.	Écorce : Aspect métallique terne. Cassure : L'acier dur est surchauffé ; l'acier doux présente une structure à grains assez gros, sans les symptômes caractéristiques du surchauffage.		Chaleur de forgeage applicable aux aciers durs.		Température de trempe des aciers doux pour outils.
Cerise 800°		Dureté / très tenace	tenace maxima	Écorce : Aspect métallique terne. Les couches d'oxydes et de battitures se sont détachées à peu près complètement. Cassure : Structure fine, d'un brillant velouté ; le grain n'est presque plus visible à l'œil nu et va en grossissant légèrement, vers le centre de la cassure. A l'intérieur, l'acier est moins dur, mais plus tenace qu'à l'extérieur.		Chaleur de forgeage applicable aux aciers particulièrement durs.		Température de trempe des aciers tenaces et durs.
Cerise naissant 750°		Dureté faible et seulement dans les couches superficielles.	Écorce : La couche oxydée s'est complètement détachée. Cassure : En bordure une bande à grain fin, qui entoure presque sans transition la région centrale, laquelle n'a pas ou presque pas durci à la trempe.		Chaleur de forgeage qui permet de rétablir à peu près la structure normale d'un acier surchauffé au cours d'une opération précédente.	Température convenant au recuit de l'acier à outils. Lorsque le métal aura été porté bien uniformément à l'incandescence correspondante, il ne devra pas rester exposé à cette température trop longtemps, principalement au contact de l'air. On devra le laisser refroidir lentement à l'abri de l'air; en opérant autrement, on aiderait le recuit le métal.	Les aciers tenaces seront trempés au rouge cerise plus clair; les aciers durs, au rouge cerise plus sombre.
Rouge sombre 660° — **Rouge naissant 550°**	La structure n'a subi aucune modification ou, du moins, que des modifications insensibles.	Le métal ne durcit plus à la trempe.	L'écorce et la cassure n'ont subi aucune modification sensible.		L'acier dur forgé aux températures ci-contre est sujet à se briser ou à éprouver des déchirures internes. Tous les aciers, martelés à ces températures, deviennent fragiles et contractent des tensions de forgeage qui entraînent la rupture des outils à la trempe, si l'on n'a pris soin de faire disparaître ces tensions par un recuit avant la trempe.	Le recuit ou la trempe aux températures ci-contre est sans effet sensible sur la dureté de l'acier, mais ces opérations peuvent avoir une influence considérable sur les propriétés de résistance du métal.	

mations s'obtenant beaucoup plus rapidement par laminage que par forgeage, la température finale après laminage sera plus élevée que la température finale après forgeage. L'acier laminé refroidira à partir d'une température plus élevée et présentera, par conséquent, une texture qui sera d'ordinaire plus grenue que celle de l'acier forgé. Dans les barres d'acier forgé on rencontre souvent des cassures d'aspect fort différent, selon qu'elles sont pratiquées à l'une ou à l'autre des deux extrémités de la barre. On en conclura que ces extrémités se sont trouvées à des températures différentes, au moment où l'étirage de la barre était terminé.

2° *Le degré de déformation.* — Un acier de degré de dureté donné montrera un grain d'autant plus serré que la section à laquelle il aura été réduit sera plus faible. D'une part, les pièces à faible section perdent plus rapidement leur chaleur; de l'autre, leur étirage nécessite un corroyage plus énergique, au cours duquel la température décroît forcément; toutes causes concourant à la formation d'un grain serré.

3° *La température à laquelle s'est trouvé l'acier au moment de son élaboration.* — L'acier surchauffé avant forgeage ou laminage possède par places ou dans toute sa masse une structure grenue à gros grains, d'un éclat brillant caractéristique tout autre que celui que doit avoir l'acier dans les conditions ordinaires.

Cette structure se rencontre souvent sur les bords des cassures, ou rayonnant plus ou moins profondément vers le centre. Lorsque le métal a été fortement surchauffé, il devient impossible, au cours des passes ultérieures, de faire disparaître complètement cette tare.

4° *La façon dont a été pratiquée la cassure.* — Si, à l'endroit où l'on veut provoquer la rupture, on fait une

encoche à froid, la cassure montrera un grain plus gros que
si l'encoche avait été faite au rouge ; le fait d'entailler au rouge
équivaut, en effet, à une déformation à température relativement faible ; d'où, formation d'un grain serré.

Les circonstances dont dépend l'*aspect des cassures* des
aciers trempés sont les suivantes :

1° *La température de l'acier au moment de la trempe*. —
On chauffe un barreau d'acier par l'un de ses bouts, de telle
sorte que, l'extrémité chauffée ayant été portée au blanc le
plus éblouissant, les autres parties du barreau aient pris
par conductibilité des températures décroissant graduellement depuis l'orangé jusqu'à la température de la main.

On fait subir au barreau ainsi préparé l'opération de la
trempe en le plongeant brusquement tout entier dans l'eau.

Des cassures pratiquées ensuite en différents points du
barreau permettront de suivre les variations de structure et
d'étudier l'influence de la température sur la texture, le
degré de dureté et la ténacité du métal.

Plus la température de trempe était élevée, plus le grain
est gros.

On trouvera dans le tableau annexe n° I des renseignements se rapportant à l'influence de la chaleur sur l'acier
trempé ou non trempé, ainsi que des indications relatives
aux températures à adopter dans la pratique.

2° *Les dimensions de l'objet trempé*. — Une pièce de
faible section cède plus rapidement sa chaleur qu'une pièce
de grande section. Elle prendra une trempe très uniforme
dans toutes ses parties ; la cassure montrera un grain homogène et serré.

Une pièce de dimensions plus grandes ne peut céder que
lentement la chaleur qui se trouve accumulée en son milieu.
Le noyau intérieur ne saurait donc prendre une trempe
aussi vive que la croûte extérieure. La cassure montrera

une texture dont le grain, plus gros au centre, ira en se resserrant vers les bords.

3° *La structure de l'acier avant la trempe.* — Cette structure n'influe sur l'aspect de la cassure du métal trempé que lorsqu'il y a eu surchauffage, ou si le métal a subi, à faible température, un travail de déformation considérable. Dans le premier cas, le métal trempé présentera un grain plus gros; dans le second, un grain plus fin.

PRATIQUE DU CHAUFFAGE DE L'ACIER

L'acier dont on se propose de faire des outils doit subir le plus souvent des chaudes multiples ayant pour but soit de l'amener à une forme déterminée (forgeage), soit d'en rendre le travail à froid plus facile (recuit), soit de le porter à la température de trempe, et enfin de l'adoucir une fois la trempe pratiquée.

Il n'est possible que fort rarement d'amener l'outil à sa forme définitive en une seule chaude. D'autre part, il arrive souvent que des outils usagés doivent resservir plusieurs fois, et pour cela subir à nouveau, chaque fois qu'ils sont hors d'usage, les opérations que nous venons de décrire, sans qu'au cours des chaudes répétées la qualité du métal soit altérée.

Il est donc nécessaire de suivre avec la plus grande attention toutes les phases de la fabrication qui nécessitent le chauffage de l'acier, et de savoir faire un emploi judicieux des moyens de chauffage dont on dispose.

On devra, en cette circonstance, se conformer rigoureusement aux principes suivants :

1° L'acier doit être toujours chauffé le plus uniformément possible, et de telle façon qu'en aucun de ses points le métal ne se trouve porté à une température supérieure à celle qui est rigoureusement nécessaire à la réussite de l'opération en vue de laquelle le chauffage a lieu.

2° On doit chauffer aussi rapidement qu'on peut le faire sans que certaines parties de la pièce à chauffer (angles, arêtes) prennent une température supérieure à celle du corps même de la pièce.

Quelque simples et évidents que paraissent ces principes, il n'en est pas moins vrai qu'on les néglige souvent, soit dans la conduite des opérations, soit dans la disposition des appareils dont on aura à se servir.

Pour chauffer de l'acier, il faut essentiellement : des *foyers*, des *fours*, et du *combustible* pour les alimenter.

Le prix du combustible et la quantité qu'on en consomme n'ont qu'une bien faible importance quand on les oppose à la valeur des outils à fabriquer et quand on tient compte que le *rendement* des outils dépend beaucoup des soins apportés à leur fabrication.

Le choix du combustible dépend soit de conditions locales et de la facilité de s'approvisionner, soit du mode d'emploi qu'on veut en faire. Le plus souvent, on adapte les foyers au combustible qu'on a sous la main, et on les dispose de façon à réaliser le but poursuivi.

Dans ce qui va suivre, nous examinerons les effets nuisibles de certains combustibles sur la qualité de l'acier et les inconvénients qui peuvent résulter de l'emploi de ces combustibles quand on se propose de chauffer uniformément et sans que la température s'élève trop haut ; nous indiquerons aussi les moyens de parer à ces inconvénients.

PLANCHE II

TEMPÉRATURE en degrés Centigrades	COULEUR de recuit	APPLICATION A DES OUTILS EN ACIER			OBSERVATIONS
		Dur	Demi-dur	Tenace	
jusqu'à 200°	Nulle	Le recuit de l'acier, à des températures où n'apparaît encore nulle couleur de recuit, augmente la ténacité du métal et en diminue légèrement la dureté, particulièrement si la durée du recuit se prolonge. Ce mode de procéder donne d'excellents résultats lors de l'opération de la trempe; il permet d'éviter le fendillement et d'augmenter la ténacité de l'acier et s'applique avec un égal succès à toutes les catégories d'outils.			Les indications consignées ci-contre, concernant le recuit des outils, n'ont rien d'absolu. Le choix de la couleur de recuit à adopter dépend : 1° De l'intensité de la trempe : L'acier doit subir un recuit d'autant plus avancé qu'il aura reçu une trempe plus vive;
220°	Jaune clair	Outils à tranchants très résistants, destinés à travailler sans choc des matières très dures, telles que : l'acier dur, la fonte trempée, etc.; outils à tourner, saigner, raboter, forets, burins à graver, couteaux de rayage, etc.		Outils à tourner et à raboter pour matières très tendres, telles que le bois, les métaux doux, les os, etc. Emporte-pièces, poinçons, matrices, outils de tailleurs de pierre, marteaux, burins d'ajusteurs, marteaux à marquer, mèches pour bois, étampes découpeuses, cisailles, etc.	2° Du degré de dureté : Pour un même usage, un acier plus dur devra subir un recuit plus avancé qu'un acier plus doux ; 3° De la composition de l'acier : Un métal rendu fragile par une teneur en éléments nuisibles devra être recuit plus complètement qu'un autre plus pur;
230°	Jaune				4° Des usages auxquels sont destinés les outils:
245°	Jaune foncé	Outils tranchants de forme compliquée et travaillant sans choc : fraises, alésoirs, forets spiraloïdaux, coussinets à fileter, outils de tours profilés, etc. Outils à travailler la pierre, devant résister aux coups et aux chocs : — Pistolets de mine, bouchardes, picoches de moulin, etc.	Pour tous les outils indiqués ci-contre, puis pour les burins à tailler les limes, coussinets à fileter, scies à métaux, poinçons, matrices, forets hélicoïdaux, pivots et crapaudines.	Outils à tarauder et fileter le fer et les métaux doux; tranches à froid; outils de tour profilés pour bois. — Marteaux à marquer.	Quand le degré de dureté a été mal choisi, il est fort rare qu'on puisse, par un recuit poussé plus ou moins loin, remédier à cet inconvénient, qui entraîne un mauvais rendement de l'outil et des avaries pendant le travail de ce dernier. Le choix de la couleur de recuit est déterminé moins par le degré de dureté à atteindre que par celui de la ténacité qu'on exige de l'outil.
255°	Jaune brun				On fera revenir deux à trois fois de suite à la même couleur de recuit les outils dont on n'exige pas une dureté fort élevée, mais qui doivent posséder une ténacité spéciale.
265°	Rouge brun				
275°	Rouge pourpre	Outils qui, outre une dureté convenable, doivent posséder une ténacité particulièrement développée : crapaudines, pivots, scies à métaux, coussinets de filières à fileter, outils tranchants pour le travail de matières tendres, telles que le bois, le cuir, les os, le cuivre, le laiton; burins à tailler les limes, coins de monnaie, poinçons et matrices, etc.	Lames de cisailles; poinçons à fond, burins, tranches, coins, étampes découpeuses, etc.	Fraises pour bois; poinçons, lames de rabots pour bois ou papier; haches, cognées, scies, faux, burins et tranches pour travailler le fer; petits marteaux, bontaroilles, etc.	
285°	Violet				
295°	Bleu violacé				
310°	Bleu clair	L'emploi de ces températures de recuit n'est jamais avantageux pour l'acier dur. Il est préférable de choisir des aciers d'un degré de dureté moindre et de les faire revenir à des températures moins élevées.	Même observation que ci-contre.	Instruments de chirurgie, ressorts, scies, sabres, fraises pour bois tendre, etc.	
325°	Gris				
au-delà de 330°	Nulle			Organes de machines dont on n'exige pas une grande dureté, mais qui doivent posséder une ténacité et une résistance très élevées.	

Les *cokes durs* (cokes de fonderie), qui ne tachent pas la main et rendent un son clair, sont employés pour alimenter soit des feux ouverts (feux de maréchal), soit des fours. Plus ces cokes seront durs, plus la température de combustion sera élevée, et plus il faudra de vent pour entretenir cette combustion.

De là résulte que l'acier à outils traité au coke risquera d'être chauffé trop vivement et à trop haute température ; il sera, en outre, d'autant plus exposé à l'action du vent que les morceaux de coke brûlés seront plus gros ; dans ces conditions l'acier risque fort d'être *sur-chauffé*, voir même *brûlé*.

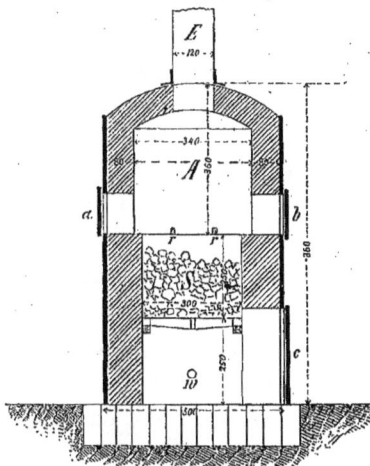

Quand les cokes durs seront le seul combustible dont on dispose, on fera bien, pour chauffer l'acier, de faire usage d'un four tel que celui que nous allons décrire :

On fera choix, pour la construction de ce four, d'un corps cylindrique en

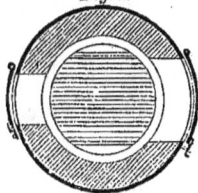

Fig. 1.

tôle, ayant environ 1 mètre de long et 0^m,40 à 0^m,60 de diamètre ; on y pratiquera les ouvertures *a*, *b*, *c*, qui recevront des portes en grosse tôle de fer. Ainsi préparé, le corps cylindrique sera monté sur un pavage ordinaire en briques, puis garni en maçonnerie réfractaire, comme le montre

le croquis (*fig.* 1). On fera déboucher sous la grille la conduite de vent *w*. (Comme barreaux de grille, on pourra
faire usage de vieilles barres de fer recoupées aux dimensions
voulues.)

La partie supérieure de la maçonnerie sera complétée
par une voûte dans laquelle on ménagera une ouverture centrale de $0^m,12$ à $0^m,16$ de diamètre. Un tuyau de cheminée
de 1 à 4 mètres de haut, muni d'un registre ou d'un clapet
pour régler le tirage, sera fixé sur la voûte.

On introduit le combustible par les portes *a*, *b* ; la porte *b*
sert spécialement de porte de travail ; la porte *a* est destinée
à l'introduction de barreaux d'une certaine longueur, qu'on
se propose de chauffer en leur milieu, pour les recouper à
chaud.

Le coke qui brûle en S réchauffe le laboratoire A. C'est
dans ce laboratoire qu'on chauffera l'outil tenu au bout d'une
pince, ou placé sur une sorte de grille constituée par deux
barreaux de fer.

Quand on dispose d'une cheminée suffisamment haute, le
tirage naturel permet d'atteindre une température suffisamment élevée et uniforme, et la conduite de vent *w*
devient inutile.

Le charbon dont l'emploi est le plus répandu pour l'alimentation des feux de forge est celui qu'on désigne d'ordinaire sous
le nom de *charbon de forge*, facilement collant et gonflant.
Cependant ce charbon possède parfois des teneurs élevées
en soufre, et la présence de ce métalloïde peut entraîner
une altération profonde de la qualité de l'acier pendant le
chauffage. Pour éliminer le soufre, on laissera la houille
bien s'allumer, et, lorsqu'elle sera en pleine incandescence,
on attendra que le coke qui se sera formé ne dégage plus
de fumées visibles. On procèdera ainsi chaque fois qu'on
jettera du charbon frais sur la grille.

Le soufre qui existe dans les houilles a sur les aciers chauffés au contact de ces houilles les effets suivants :

A température assez élevée le soufre a pour le fer une affinité considérable.

Le produit de la combinaison de ces deux corps est réfractaire aux effets de la trempe et engendre, à la surface du métal, la formation de taches plus ou moins grandes, dans toute l'étendue desquelles l'acier ne trempera pas.

Lorsqu'on emploie au feu de maréchal des charbons de forge, le brasier se recouvre souvent d'une croûte de matières agglutinées, et sous laquelle la combustion se poursuit avec intensité. Si cette croûte n'est pas brisée à temps, une cavité se formera en dessous ; si l'outil à chauffer pénètre dans cette cavité, il s'y trouvera exposé directement à l'action du vent et risquera d'être brûlé, à une température qui eût été insuffisante, sans l'action de l'oxygène du vent, à entraîner la destruction du métal.

Si donc on veut chauffer de l'acier à outils au feu de maréchal, il importera d'empêcher la formation de croûtes telles que celles dont il vient d'être question, en piquant souvent le feu. La chaleur du feu repiqué souvent étant d'ailleurs plus tempérée, le chauffage du métal ne s'en fera qu'en meilleures conditions.

Le *fraisil de coke*, autrement dit le *coke très menu ou poussiéreux*, ne peut servir à alimenter un feu de maréchal ; car le vent, n'arrivant pas à se frayer un passage assez facile à travers les interstices de ce combustible, ne parvient pas à créer une zone de combustion assez étendue. Cette espèce de coke s'emploie en mélange avec du charbon de forge avec lequel il colle facilement.

La température d'un feu de maréchal atteint son maximum immédiatement devant la tuyère (orifice par où pénètre le vent) ; en cet endroit le jet de vent, divisé et affaibli au contact des morceaux de charbon, maintient le combustible en pleine incandescence; la chaleur à l'intérieur de cette zone convient aux opérations de forgeage et de trempe, tandis qu'elle diminue rapidement quand on va en remontant vers la surface libre du brasier.

La région médiane n'est naturellement pas à température constante dans toute son étendue; elle est plus chaude au centre, plus froide quand on se rapproche de l'extérieur, et il sera d'autant plus difficile d'y chauffer uniformément un objet qu'elle sera plus étroite, c'est-à-dire que la quantité de combustible chargé sera plus faible. Plus la quantité de combustible chargé sera considérable, plus sera large la région utilisable pour les chaudes de forgeage et de trempe, et plus andes aussi pou rront être les dimensions des pièces qu'on pourra y chauffer.

Au feu de maréchal on n'arrive que très difficilement à chauffer uniformément des pièces de grandes dimensions, par exemple des enclumes, des frappes de pilon, des étampes. On n'y parvient guère qu'en *rôtissant*, pendant des heures entières, les pièces à chauffer; et encore court-on le risque de surchauffer ces pièces en certaines de leurs parties, tandis que d'autres n'auront pas atteint la température nécessaire. Néanmoins, on parvient à faciliter notablement le travail, en donnant le vent par deux tuyères parallèles, distantes d'axe en axe de $0^m,200$ à $0^m,500$.

L'outil à chauffer sera placé dans la région entre les deux tuyères; il recevra constamment de la chaleur de deux côtés, et il ne sera plus nécessaire de le retourner si souvent.

L'emploi des feux de maréchal pour chauffer à une température tout à fait uniforme des outils longs et minces (forets héliçoïdaux, alésoirs, cisailles, fraises, etc.) offre, par suite de la répartition très inégale de la chaleur dans ces sortes de feux, des difficultés que même des ouvriers habiles arrivent difficilement à vaincre. Les angles et les arêtes des outils y sont facilement surchauffés (et éclatent ultérieurement après trempe); le chauffage y manque d'ailleurs généralement d'uniformité, et l'on constatera souvent que soit l'une des extrémités des pièces chauffées, ou leur milieu, y a pris une incandescence plus vive.

On peut remédier à ces inconvénients en transformant, à peu de frais d'ailleurs, le feu de maréchal en un four provisoire tel qu'il est représenté par les figures 2 et 3.

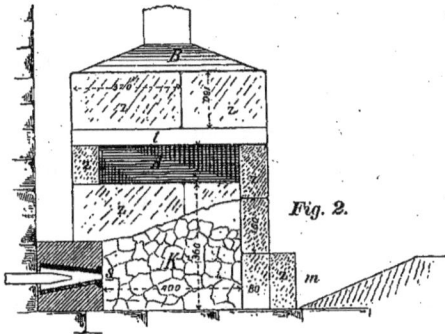

Fig. 2.

On entoure l'espace qui environne la tuyère, de briques dont la disposition est indiquée sur la figure 2.

En m on laisse une ouverture pour piquer le feu K ; on en

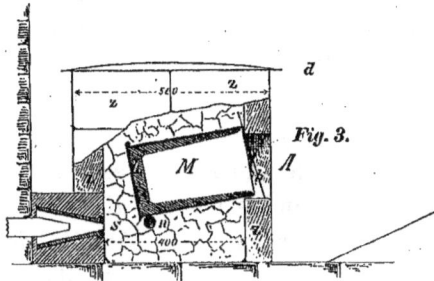

Fig. 3.

ménage une autre en A, en soutenant la maçonnerie au-dessus de cette ouverture par un fer plat.

Une fois le combustible chargé, on recouvre le tout d'une tôle sur laquelle on peut, d'ailleurs, monter un vieux tuyau faisant office de cheminée.

Quelques barres de fer introduites par la porte de travail constitueront une grille sur laquelle on placera les objets à chauffer ; ceux-ci seront ainsi hors du contact du combustible. Pendant le chauffage, l'ouverture A sera maintenue fermée par une tôle reposant sur les extrémités des barreaux de grille qu'on aura eu soin de laisser dépasser à l'extérieur.

Le chauffage de pièces longues et minces, dans le four provisoire ainsi constitué, s'effectuera très uniformément, simplement et dans de bonnes conditions, en particulier si l'on dispose de charbon de bois comme combustible.

Les dimensions que peut prendre une chauffe du genre de celle de la figure 2 sont naturellement assez restreintes ; quand les pièces à chauffer atteignent une certaine longueur, on est obligé de recourir à deux tuyères qu'on disposera soit l'une à côté de l'autre, soit l'une sur l'autre.

Lorsqu'on chauffe, au feu de maréchal, des outils à fraiser, on reconnaît souvent que les dents prennent des températures inégales et que quelques-unes d'entre elles se sont surchauffées. Malgré toutes les précautions mises en œuvre, il n'est pas toujours possible d'éviter cet écueil. On ne se résoudra pas facilement, d'ailleurs, à employer le feu de maréchal pour y chauffer en vue de la trempe des fraises dont le prix de fabrication est élevé et qu'on s'expose à endommager, en les traitant ainsi.

Pour chauffer en toute sécurité de petites fraises, des poinçons et en général des outils de petites dimensions destinés à recevoir une trempe complète, on pourra se servir d'un feu de forge transformé pour la circonstance en four à moufle, ainsi que l'indique le croquis (fig. 3).

Au moyen d'un morceau de vieille tôle, on confectionne une boîte dont les dimensions seront proportionnées à celles des objets que l'on se propose d'y chauffer. On garnit cette boîte avec de l'argile lié avec du poil de vache ; on enveloppe la tuyère d'une maçonnerie en briques et on dispose le moufle comme l'indique la figure 3. Le fond du moufle repose sur un barreau de fer, garni d'argile, lequel barreau s'appuie sur les parois latérales, à moins qu'on ne préfère le faire reposer sur une brique, taillée de façon à diviser le jet de vent en deux courants latéraux.

On fermera l'ouverture du moufle par une tôle *b* et le dessus du four par une tôle *d* posée à plat.

Toutes les fois qu'on le pourra, il y aura grand avantage à placer le moufle entre deux tuyères. Pour charger le combustible on soulèvera le couvercle *d*; l'ouverture nécessaire pour piquer le feu est ménagée latéralement.

Les objets à chauffer ne devront, bien entendu, être introduits dans le moufle que lorsque celui-ci aura pris bien uniformément la température voulue.

Les dispositifs que nous venons de décrire et qui procèdent, ainsi que le montrent les figures 2 et 3, du feu de forge, sont applicables quand on dispose comme combustible de coke ou de charbon de bois ; mais ils ne se prêtent pas à la marche au charbon de forge.

Si l'on veut, malgré tout, employer ce combustible, on pourra, pour chauffer uniformément de grosses pièces d'acier ou des outils de grandes dimensions, faire usage de l'un des fours à réverbère que nous décrirons plus loin.

Les cokes tendres et friables, tels qu'ils proviennent de la carbonisation sur grille de houilles collantes, les cokes menus, résidus de la distillation des houilles à gaz, etc., de teinte sombre, tachant la main, s'écrasant facilement et ne rendant pas de son clair, conviennent à l'alimentation des feux de forge pour donner sans aucun danger les chauffes de forgeage et de trempe, à des outils qui ne doivent point être chauffés en entier, et dont la confection est simple et rapide, tels que : burins et bédanes, outils de tailleurs de

pierre, fleurets et ciseaux, outils de chaudronniers, bouterolles, tranches, marteaux, etc.

De tous les combustibles propres à alimenter un feu de
maréchal, le charbon de bois est, sans aucun doute, le meilleur ; il donne facilement, et dans un rayon assez étendu, la
chaleur nécessaire, sans exiger une forte pression de vent ;
de plus, il a l'avantage de n'être souillé d'aucun élément
étranger nuisible à l'acier qu'on se propose d'y chauffer.

Pour donner, au feu de maréchal, les chaudes de forgeage ou de trempe, à des outils délicats ou à des aciers
d'une dureté exceptionnelle qui les rend facilement alté-
rables par la chaleur, on devra faire usage de charbon de
bois, à l'exclusion de tout autre combustible. Son grand
avantage résulte de sa pureté et de sa combustibilité facile.
De plus, la température d'un feu au charbon de bois est
beaucoup plus facile à apprécier par l'observation, que
celle d'un foyer brûlant n'importe quel autre combustible.
La grande combustibilité du charbon de bois permettant
d'employer, pour les feux qu'on alimente avec ce combustible, des quantités de vent très faibles, l'oxygène du vent
sera rapidement absorbé par le charbon et ne pourra réagir
sur le métal, qui se trouvera ainsi préservé de l'action nuisible de ce corps.

L'*effet du vent* sur l'acier à outils, ou sur l'outil lui-même,
sera d'autant plus nuisible qu'il s'exercera à plus haute
température et pendant un laps de temps plus long.

Les inconvénients qui peuvent en résulter sont les suivants :

1° Le *métal s'oxyde* et se couvre d'une couche épaisse de
battitures ; aux places où l'oxydation a été plus profonde, on
relèvera des dénivellations ; le glaçage superficiel des pièces
ainsi endommagées se trouvant détruit, celles-ci offrent un
aspect particulièrement désagréable à l'œil.

2° L'*oxygène du vent*, réagissant sur l'acier porté à l'incandescence, lui enlève facilement une partie de son carbone ; cette réaction qui atteint toutes les parties superficielles affecte tout particulièrement les angles et les arêtes (tranchants) ; le métal perd, de ce fait, beaucoup de sa dureté et de son mordant.

3° Lorsque la température d'un feu de maréchal est élevée, et que la quantité de vent insufflé est forte, l'oxygène du vent peut ne point se borner à réagir sur le fer et le carbone de l'écorce superficielle de l'acier ; son action peut être plus profonde et amener une *désagrégation* complète de la structure du métal, résultant de la formation des composés oxygénés du fer, du manganèse et du silicium.

Le métal ainsi brûlé présentera sur ses arêtes des crevasses de profondeur plus ou moins grande.

Au cours du forgeage, l'acier ainsi détérioré se brisera aux endroits fissurés ; à la trempe il éclatera. Pour garantir contre les effets du vent l'acier chauffé au feu de forge, il n'existe d'autre moyen que de conduire convenablement l'opération. On devra procéder comme suit :

La pièce à chauffer, bloc d'acier ou outil terminé, sera posée d'abord sur la surface du brasier, où elle se réchauffera lentement ; après l'avoir retournée à plusieurs reprises, on l'enfoncera dans la région du brasier dont la température est la plus basse, c'est-à-dire dans la zone la plus voisine de la surface extérieure.

La pièce restera dans cette position jusqu'à ce que toutes ses parties se trouvent portées bien uniformément au rouge sombre ; cet effet obtenu, on l'avancera vers les parties plus chaudes, c'est-à-dire vers le centre du brasier. En cet endroit la pièce sera, il est vrai, exposée aux effets du vent ; mais, ayant été préalablement réchauffée, elle atteindra la température finale assez rapidement pour que le vent ne puisse plus exercer une action considérable. Ceci n'est vrai, pourtant, qu'à condition que la pièce ne présente pas de grandes dimensions qui s'opposeraient à un échauffement rapide.

Pour atténuer les effets nuisibles du vent, on divise le jet de vent par des fragments de briques réfractaires de formes irrégulières que l'on dispose devant l'orifice de la tuyère. On peut aussi garantir l'acier au moyen de tôles interposées entre la tuyère et la pièce à réchauffer ; dans ce dernier cas, il est nécessaire de charger auparavant une forte quantité de combustible que l'on portera préalablement à pleine incandescence. Un moyen pratique d'atténuer l'effet du vent sur la surface du métal consiste à tremper, avant le chauffage, les pièces soit dans un lait de chaux, soit dans une bouillie d'argile ou de glaise (1/2 kilogramme d'argile ou de glaise bien délayé dans 1 litre d'eau).

Quelque commode et usuel que soit, pour la plupart des passes auxquelles il y a lieu de soumettre les outils, l'emploi des feux de forge, il n'en est pas moins vrai que ce mode de chauffage devient absolument impropre au traitement de pièces compliquées et de grandes dimensions, dont la confection entraîne des dépenses considérables de main-d'œuvre. Il ne saurait convenir non plus aux exigences de la fabrication en gros.

Lorsque l'on veut fabriquer ou réparer des quantités considérables d'outils, tels que : burins, tranches, forets, etc..., on les met au feu par douzaine — dans l'intention de les réchauffer, — mais comme résultat on n'obtient qu'un chauffage inégal ; certaines pièces seront surchauffées, d'autres même brûlées. Ce mode d'opérer donnera des outils de qualité irrégulière et dont le rendement, à l'usage, sera faible. On sera ainsi conduit à une consommation considérable de métal pour outils.

En général, partout où l'on s'est rendu un compte exact des causes d'insuccès, la juste tendance s'est manifestée de disposer les appareils de chauffage pour acier à outils de manière à éviter le mieux possible les défauts et les altérations qui peuvent résulter d'un chauffage mal compris du métal.

Ces dispositions aidant, l'attention de l'outilleur, au lieu de s'éparpiller, pourra se concentrer sur les points essentiels, et le travail nécessitera de la part de cet ouvrier une habileté moins consommée. Abstraction faite de cet avantage, il importe de remarquer que plus la fabrication des outils aura été soignée, mieux ceux-ci se comporteront à l'usage. De là, ainsi qu'on l'a fait ressortir à plusieurs reprises, économie de matière première et de main-d'œuvre.

Les dépenses plus considérables qui résulteront d'une organisation plus parfaite des ateliers de forgeage et de trempe se regagneront rapidement et largement par les économies réalisées sur les salaires.

Avant d'aborder la discussion des différents types de fours et foyers à adopter dans chaque cas particulier, il est bon d'appeler l'attention sur l'importance capitale que présente, principalement au point de vue de l'opération de la trempe, l'influence de l'éclairage sur l'appréciation des températures de l'acier.

Lorsqu'on réchauffe un barreau d'acier, tel qu'il a été indiqué page 19, on pourra relever sur ce barreau les différents degrés de chaleur qu'indique le tableau n° I. L'observation repose d'ailleurs sur une sensation absolument personnelle à l'observateur, influencé par le contraste plus ou moins vif entre l'incandescence lumineuse du barreau et la lumière provenant de l'extérieur.

L'incandescence du barreau frappera l'œil sous des aspects différents, suivant que l'observation en sera faite dans l'obscurité complète, à la lumière diffuse ou en plein soleil ; l'incandescence lumineuse qui, dans le premier cas, semblera caractérisée par la couleur rouge cerise, paraîtra, dans le second, cerise naissant, et à la lumière solaire, rouge sombre.

Si l'éclairage est sujet à variations, l'impression reçue par l'œil sera facilement faussée, et l'appréciation de la température deviendra très peu précise.

Mais, si l'on songe que les températures de forgeage, et tout particulièrement les températures favorables à la trempe sont comprises entre des limites très restreintes et que la vision seule peut guider les taillandiers et outilleurs dans l'appréciation de ces températures, il apparaîtra clairement, qu'il ne faut pas pousser, à l'égard de ces ouvriers, l'exigence jusqu'à les obliger à opérer soit dans un atelier clair, soit dans un endroit exposé à des variations sensibles de l'éclairage. Les facilités que l'on offrira, en ce sens, aux ouvriers, seront dans l'intérêt même des consommateurs appelés à se servir plus tard des outils terminés.

On arrivera facilement à créer un abri approprié, en reléguant les installations pour le chauffage et la trempe, dans certaines parties des ateliers, qui, à cause de leur éclairage insuffisant, ne sauraient convenir à d'autres usages. Si, près du poste de l'opérateur, il y a des fenêtres, on peut tempérer la lumière vive, ou en atténuer les fluctuations au moyen de rideaux ou en passant une couche de peinture sur les vitres.

Nous avons dit plus haut que le chauffage de l'acier au feu de forge présente des inconvénients qui résultent principalement du manque d'uniformité dans la température de ces foyers, et du contact où s'y trouve le métal avec le combustible et le vent. La construction de *fours à cuve* dans lesquels l'acier ne subit plus le contact direct du combustible et du vent, mais seulement celui des gaz de la combustion, à température élevée, a pour but d'écarter ces inconvénients ou, du moins, d'en atténuer les effets.

Au point de vue de leur disposition, ces fours se ressemblent tous. La plupart d'entre eux sont construits pour brûler des combustibles ne développant pas de flamme proprement dite.

Le type le plus simple de cette catégorie de fours est celui que nous représentons (*fig.* 1).

La faible température qu'il suffit d'atteindre dans ces fours, pour chauffer convenablement l'acier, permet dans la plupart des cas de les faire marcher sans soufflerie, pourvu qu'on les munisse d'une cheminée suffisamment haute (3-4 mètres), ou encore qu'on les branche sur une cheminée existante donnant un tirage égal.

Quand on dispose de plusieurs fours, on peut les desservir par une cheminée commune.

Les fours à cuves dont nous faisons suivre la description, et dont nous donnons les dimensions telles qu'elles répondent au traitement de pièces de grandeur moyenne, peuvent, selon l'usage auquel ils doivent servir, être construits plus grands ou plus petits, les cotes restant proportionnelles à celles que nous avons inscrites sur nos croquis.

La figure 4 représente un four à cuve chauffé au coke ; on peut néanmoins y brûler un mélange de coke et de charbon de forge non sulfureux.

La maçonnerie du four est construite en briques réfractaires ; elle comprend, de bas en haut : le cendrier O, la grille *r*, la cuve *k*, son appareil de chargement M (trémie), le laboratoire A présentant à sa base une échancrure annulaire sur laquelle reposent les supports destinés à recevoir les pièces à chauffer, quand on ne voudra pas présenter ces pièces à l'aide de tenailles. Le laboratoire est recouvert d'une petite voûte B percée de deux ou quatre ouvertures *c*, *d*, placées symétriquement. La porte *w* permet d'accéder à ces ouvertures, dont le but principal est d'établir en A, par un

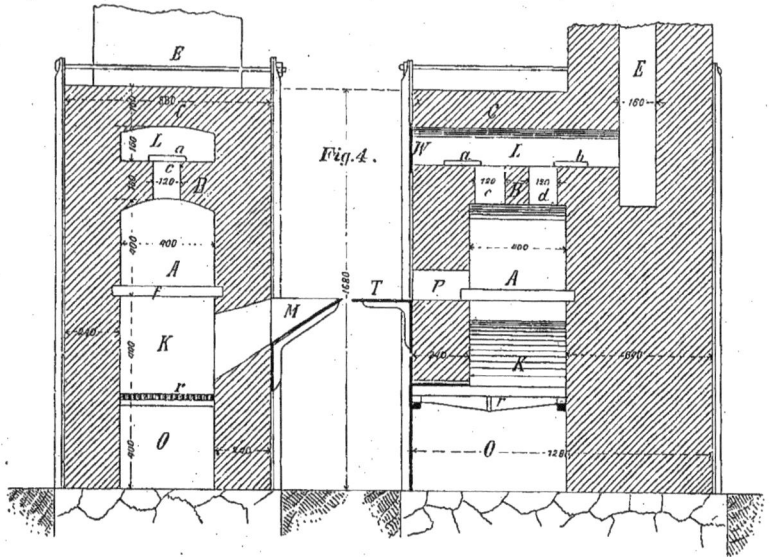

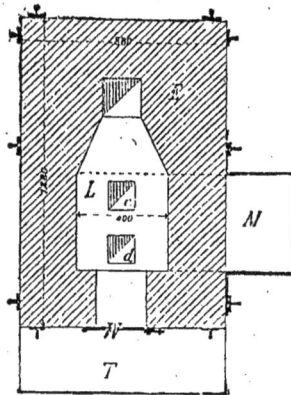

Fig. 4.

jeu de petits registres *a*, *b*, une température bien uniformément répartie. Le four se termine par une seconde voûte C, qui portera directement la cheminée E. Si l'on veut brancher le four soit sur une autre cheminée, soit sur une cheminée centrale commune à plusieurs appareils du même genre, on établira la communication par la chambre L au moyen d'un carneau latéral.

Pour faciliter la manipulation des outils à chauffer, une table T est placée devant l'ouverture P; cette ouverture, de même que le cendrier O, est muni de portes en tôle fermant bien. La maçonnerie du four est maintenue, ainsi que l'indique le croquis, par une série de tirants. Un registre placé sur le carneau de la cheminée permet d'en régler le tirage; on peut aussi munir la cheminée elle-même d'un clapet mobile. L'allumage d'un four de ce genre exige, suivant les dimensions de l'appareil, une à deux heures, et doit être poussé jusqu'à ce que l'intérieur du laboratoire et les parois du four soient portés bien uniformément au rouge clair. On peut alors y introduire les objets à chauffer, en tenant compte des observations suivantes :

La température du four s'élève notablement avec la durée du chauffage. Aussi doit-on organiser le travail de manière à commencer par les objets ayant les dimensions les plus petites, et qui, par conséquent, s'échauffent et se surchauffent le plus facilement; puis on passera graduellement aux pièces de dimensions plus considérables, pour finir par les plus grandes. La chaleur que dégage le combustible porté à l'incandescence étant plus intense que celle que rayonnent les parois, les objets placés dans un four de ce genre seront chauffés plus fort sur une de leurs faces, si l'on ne prend soin de les retourner souvent. Pour introduire à nouveau dans le four des objets froids, on fera bien de saisir le moment où l'on vient de jeter une nouvelle charge de combustible sur la grille, car à ce moment la forte température du four se trouve un peu adoucie; de plus, si le combustible employé est un mélange de charbon de forge et de coke, la flamme fuligineuse qui se dégage préservera, dans une certaine mesure, les angles vifs et les arêtes du métal contre le surchauffage et l'oxydation. Les pièces d'acier à chauffer seront soit saisies avec des tenailles qui prendront un point d'appui sur la table T, soit placées sur des supports ayant la forme de grilles. Pour chauffer de petites

pièces, on peut les placer sur une plaque en tôle qui les
garantira contre l'action directe du combustible.

La figure 5 représente un four à cuve du même système

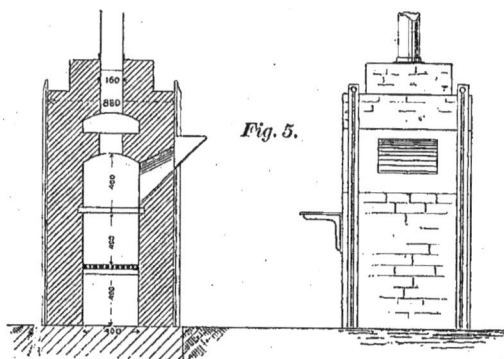

Fig. 5.

que le précédent, mais chauffé au charbon de bois. L'unique
différence à relever consiste dans la disposition de la trémie de chargement qui est ici placée à un niveau plus élevé
au-dessus de la grille.
On réalise de ce fait
une économie de com-
bustible, la combus-
tion en pure perte du
charbon qui brûlait
dans la trémie se trou-
vant supprimée.

La figure 6 montre
un four du même
type que celui de la
figure 4, à cette diffé-
rence près que, pour économiser des pièces métalliques, la
trémie et la table de manipulation ont été construites en
maçonnerie.

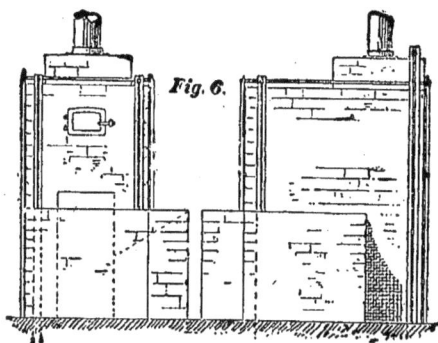

Fig. 6.

La figure 7 représente un four à cuve pour le chauffage de pièces longues, en vue du forgeage et particulièrement, de la trempe; on pourra y chauffer convenablement des cisâilles de grandes dimensions, des scies, etc.

Fig. 7.

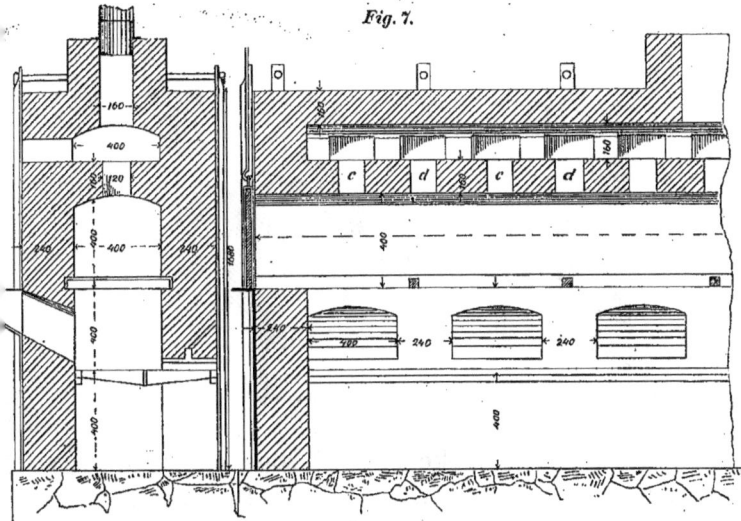

Les ouvertures c, d, les registres de réglage a, b, qui se retrouvent dans toutes ces constructions de four, ont, de même que les registres des cheminées, une importance capitale pour la marche des fours.

En manœuvrant le registre de la cheminée, on forcera ou l'on affaiblira le tirage et, par conséquent, la température générale du four. De même, en recouvrant partiellement les ouvertures cd, on peut agir dans un sens ou dans l'autre sur la température de certaines parties du four; en fermant, par exemple, l'ouverture cd sur la gauche du four (fig. 7), on abaissera la température de la portion de gauche et l'on élèvera celle de la portion de droite.

Lorsque, dans les fours à cuve qui viennent d'être décrits, on veut brûler du charbon de forge (houille), ou encore, si l'on veut se servir de cokes durs et garantir les objets à chauffer contre les coups de feu très vifs auxquels donne lieu l'emploi de ces combustibles, on devra apporter dans la construction des fours la modification indiquée (*fig.* 8).

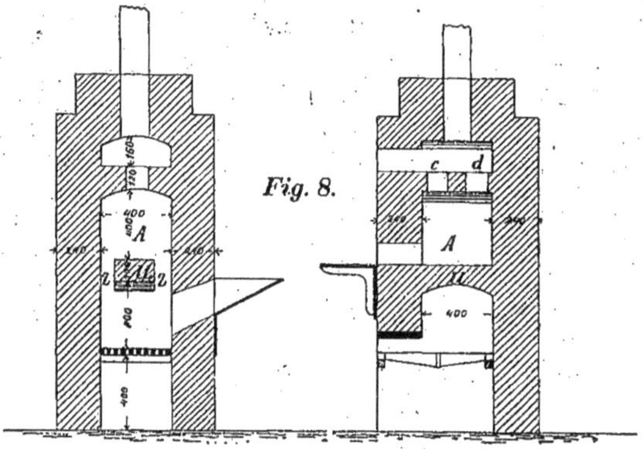

Fig. 8.

Ici le charbon ou le coke brûlent sous une voûte *u* et chauffent le laboratoire par l'intermédiaire des deux fentes Z. Pendant la chauffe, l'acier sera ainsi préservé de tout contact direct avec la flamme ou avec les produits de la combustion; le chauffage se poursuit à peu près dans les mêmes conditions que si l'acier était chauffé au moufle.

On pourra, à $0^m,25$ ou $0^m,30$ au-dessus de la voûte *u*, disposer une seconde voûte. La chambre ainsi formée sera accessible par une seconde porte de travail T (*fig.* 9) et pourra servir au chauffage des pièces.

L'emploi des fours de cette construction se recommande particulièrement là où l'espace dont on dispose est restreint, et particulièrement pour les usages de la fabrication en gros, qui nécessite des chauffes de forgeage et de trempe se suivant sans discontinuer: par exemple, pour forger des boulets, des limes, des burins, des lames de couteaux, des cisailles, etc., et pour tremper des organes de bicyclette, etc.

En plaçant sur la voûte *v* du four (*fig.* 8) un moufle en fonte ou en argile, ou encore en superposant deux moufles, comme l'indique le croquis (*fig.* 10), on transformera ce four en un véritable *four à moufle ;* le moufle supérieur sera destiné à réchauffer les pièces avant de les porter à la tem-

Fig. 9.

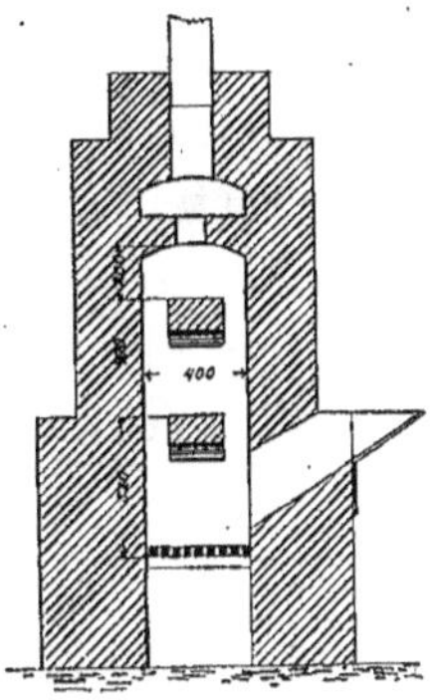

Fig. 10.

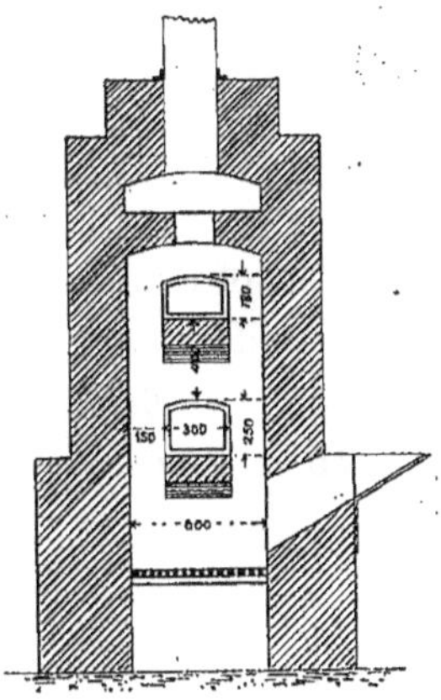

pérature élevée du moufle inférieur. Le chauffage de l'acier au four à moufle a lieu exclusivement par la chaleur rayonnée par les parois du moufle. Toutefois, il ne faudrait pas en conclure qu'il soit impossible de *surchauffer* l'acier dans le moufle ; cet accident peut, au contraire, se produire facilement, si l'on n'y prend garde. Quand un four à moufle est en activité pendant un temps assez long, les parois du four et le moufle lui-même finissent par prendre de part en part une température très élevée ; il arrive que cette température soit plus élevée que celle qui est admissible pour

la chauffe à donner à l'acier : dans ces conditions, le métal
sera surchauffé, ou, du moins, les angles vifs saillants et
les arêtes le seront.

L'intérieur du moufle reçoit de la chaleur par tous les
points de son enveloppe ; mais les portions les plus actives
de celle-ci seront celles qui se trouveront plus directement
exposées à l'action du foyer ; ce seront soit la sole seule du
moufle, soit la sole et une paroi latérale. Si l'on met en
contact *direct* les pièces à chauffer avec les parois du moufle,
les faces de ces pièces qui toucheront le moufle prendront
une température plus élevée que celles qui ne subiront
point ce contact ; elles seront sujettes à se surchauffer facilement. Aussi doit-on placer les objets à chauffer dans le
moufle sur des supports, barreaux en fer ou, ce qui est préférable, socles façonnés en briques réfractaires, de telle
façon qu'en aucun de leurs points ils ne subissent le contact
direct du moufle. On devra, en outre, les placer le plus
près possible du milieu de ce dernier, et les retourner sou-

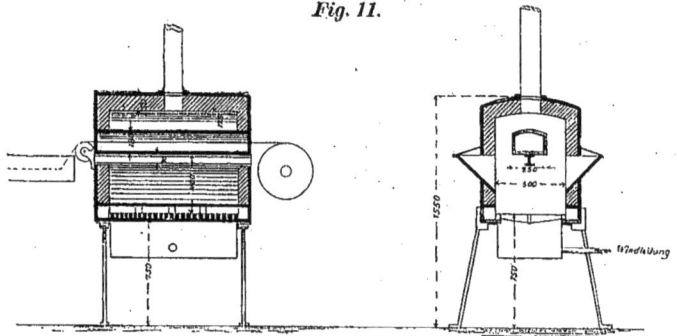

Fig. 11.

vent pendant le chauffage pour leur faire prendre une température bien uniforme. L'orifice du moufle sera fermé aussi
hermétiquement que possible par une porte qui devra
empêcher toute rentrée d'air. Les portes en fer qui, expo-

sées à la chaleur, ont une tendance à se déjeter, conviennent
moins bien que les portes en pisé réfractaire. Les portes
en fer ont en leur milieu un regard qui peut s'ouvrir et se
fermer ; les portes en pisé sont munies d'un regard fermé
hermétiquement par une rondelle en mica.

La figure 11 représente un four à moufle chauffé au
charbon de bois et tel qu'il sert pour donner d'une façon
continue, aux aciers pour rubans, les chauffes de recuit, de
trempe et de recuit après la trempe.

Les fours à moufle chauffés au *gaz* sont excessivement
propres et très faciles à conduire. Le
croquis (*fig.* 12) représente un four
de ce genre, comme les construit la
maison Ludwig Loewe et Cie (Berlin).
Le moufle M repose dans une caisse
en fonte K, garnie d'une maçonnerie
en pisé réfractaire. Au-dessous du
moufle se trouve un tuyau de chauffage muni d'orifices nombreux, disposés sur plusieurs rangs. Ce tuyau
communique avec le petit ventila-

Fig. 12.

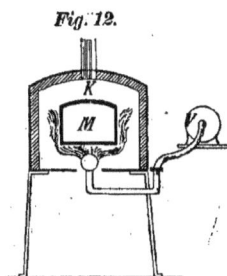

teur V, à rotation très rapide, qui aspire le gaz d'une cana-
lisation de gaz avec laquelle il communique, le mélange
avec de l'air aspiré également et conduit ce mélange jusqu'au brûleur. La flamme qui se dégage lèche les parois du
moufle et les porte rapidement à une température uniforme
et qu'on pourra, d'ailleurs, forcer ou affaiblir en réglant
l'admission de gaz.

Les moufles construits en matériaux réfractaires demandent
à être chauffés avec précaution et très lentement, pour éviter
qu'ils se fendent. Si, néanmoins, des fissures venaient à se
produire, on les mastiquera avec une pâte composée de
4 parties de graphite et de 1 partie d'argile.

Les fours que nous venons de décrire sont très répandus dans la pratique et donnent de bons résultats, pourvu qu'on les conduise avec soin. Leur prix de construction étant peu élevé, on doit en préconiser l'établissement partout où l'on se sert encore actuellement de feux de forge pour y chauffer des outils dont la fabrication entraîne des dépenses élevées de main-d'œuvre.

Passons maintenant aux *fours à réverbère* : très rarement employés pour la chauffe de trempe, on devra leur donner la préférence partout où des opérations de forgeage,

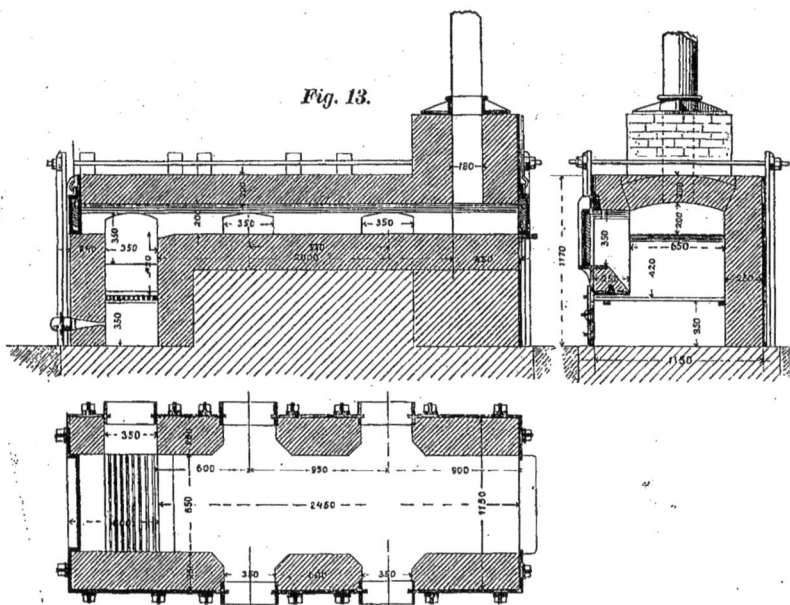

Fig. 13.

se succédant rapidement, obligeraient à construire et à entretenir un grand nombre de feux de forge.

La figure 13 représente un four à réverbère à usage de forge, brûlant de la houille ou des lignites. Quatre portes de travail, disposées deux par deux sur les faces du four, permettent à plusieurs outilleurs de travailler simultanément. Une conduite de vent, débouchant sous la grille, permet d'activer la combustion.

La figure 14 représente le même four, à cette différence

Fig. 14.

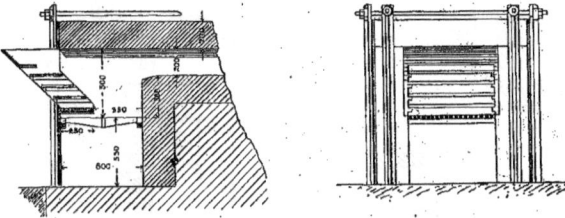

près, qu'ici la combustion de la houille s'opère sur grille à gradins, par tirage naturel.

Fig. 15.

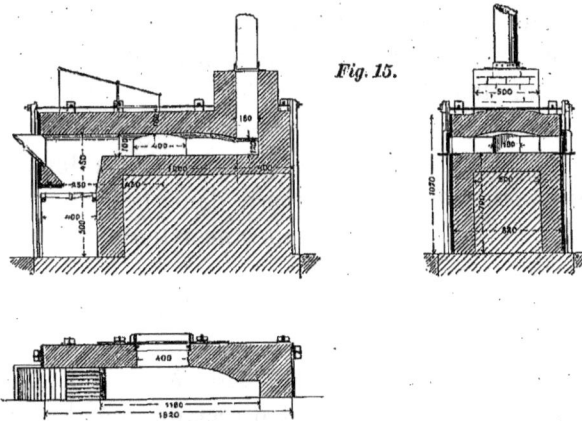

La figure 15 représente un four à réverbère de petites dimensions, qui conviendra pour le chauffage, et même

pour la trempe, lorsque le nombre et le volume des pièces
à traiter seront restreints.

Quand la place fait défaut, et lorsque les objets à chauffer
sont petits, on peut faire usage d'un four à deux soles
superposées, tel que celui que représente la figure 16. La

Fig. 16.

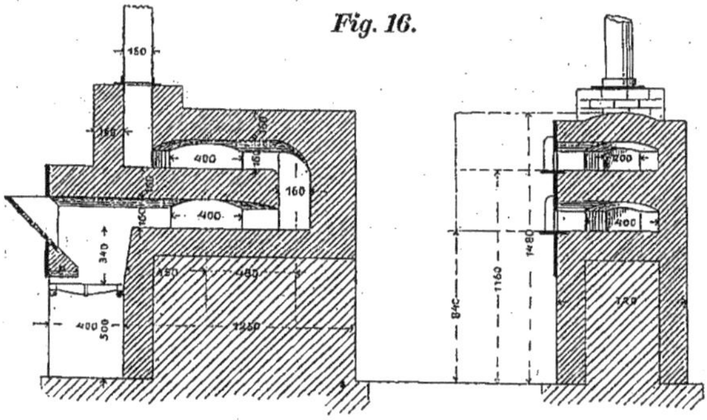

sole supérieure servira au réchauffage des objets. Au cours
du chauffage de l'acier au four à réverbère, il faut observer
que la chaleur dans l'intérieur du four n'est pas uniforme ;
la température est plus forte dans la région voisine du
foyer, plus faible près des portes de travail. On devra donc
porter les objets à chauffer d'abord dans les portions les
plus froides du four, et les faire avancer lentement vers la
région plus chaude, près du foyer.

Lorsqu'on pratique au four à réverbère la chauffe de
trempe, on doit amener les objets à tremper dans la région
du four dont la température est celle à laquelle on veut
tremper. Pour éviter le contact direct du métal et de la
sole, très chaude, du four, on placera l'objet à chauffer sur
de petits barreaux en fer ou sur des fragments de briques
réfractaires ; en outre, au moyen d'une tôle pliée à angle
droit, on le garantira contre l'action directe de la flamme.

La figure 17 représente un petit four à réverbère, avec grille à gradins et deux soles superposées.

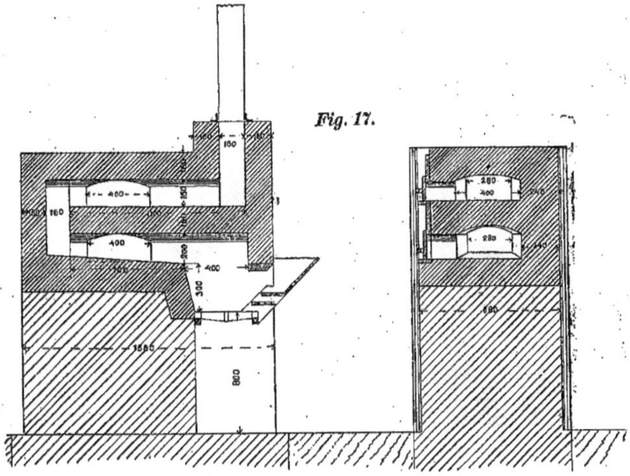

Fig. 17.

Schmiede- u. Härte-Flammofen.

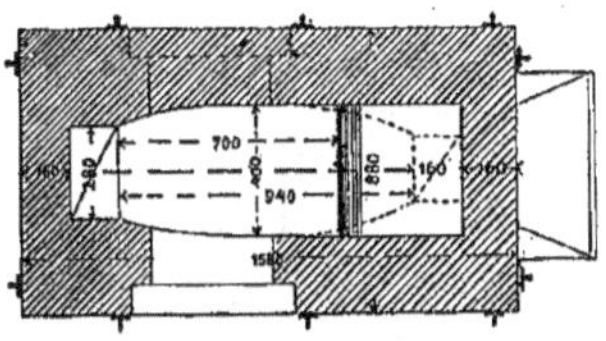

On trouvera (*fig.* 18) un four à réverbère à foyer breveté système Gasteiger (Vienne). L'économie notable de combustible qu'il permet de réaliser lui a valu de fréquentes applications pratiques. Voici le principe sur lequel il repose :

On charge la houille sur la sole fixe B, où s'opère la distillation. Les gaz qui se dégagent passent sur le coke incandescent provenant d'un chargement précédent de la sole B, et qu'on a repoussé sur une grille R ; au contact

de ce coke, les gaz se chauffent à haute température et,
dans cet état, viennent rencontrer le vent qui pénètre par
les carneaux L, et qui en détermine la combustion dans la
chambre A. La température résultant de cette combustion

Fig. 18.

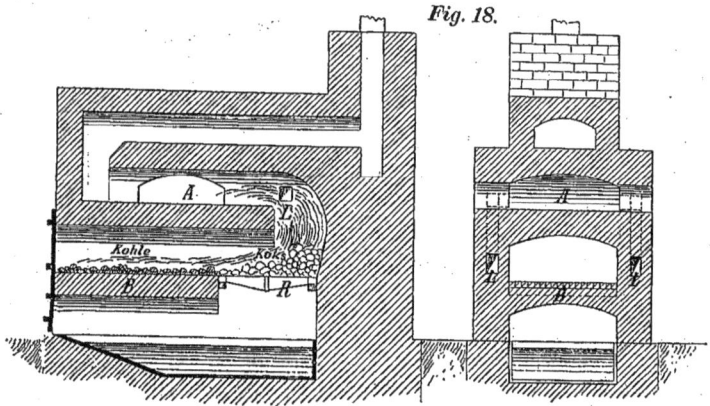

s'élève encore par suite de la présence d'un peu de gaz à
l'eau, qui provient de ce qu'une faible partie de l'eau du

Fig. 19.

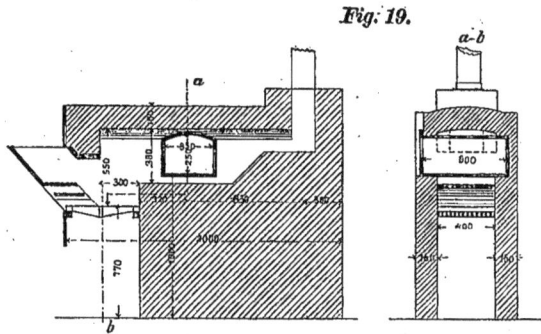

réservoir placé sous la grille se vaporise, et que la vapeur
d'eau ainsi formée traverse la couche de coke incandescent
chargé sur la grille R.

La figure 10 représente un four à réverbère muni d'un moufle ; on emploie souvent ce genre de four pour les chaudes de trempe et pour le recuit.

On trouve dans le commerce des fours à moufle d'un maniement facile, et dans la construction desquels on s'est attaché à économiser la place le mieux possible. Citons, par exemple, ceux que construisent les ateliers de construction mécanique C. Pekrun (à Coswig, en Saxe) (marque déposée en Allemagne), et ceux qui sortent des fabriques de bicyclettes Winklhoper et Iänicke (Chemnitz-Schönau). Ces fours sont chauffés à la houille ordinaire ; ils sont faciles à conduire, et leur emploi est à recommander.

APPAREILS POUR LE RECUIT DE L'ACIER

Nous avons vu, dans un des chapitres précédents, que la structure de l'acier subit l'influence des travaux de déformation plus ou moins intenses auxquels a été soumis le métal. Elle présentera un grain d'autant plus serré que l'action mécanique subie par le métal aura été plus énergique et qu'elle aura été exercée à plus basse température.

De ce changement de structure résulte aussi un changement dans les propriétés résistantes de l'acier : sa densité croît, sa dureté naturelle augmente ; par contre, il devient plus difficile à travailler à froid.

Au cours de l'élaboration d'un bloc d'acier, il peut se faire qu'en certaines de ses parties il soit forgé à température plus basse ; qu'en d'autres, correspondant généralement aux sections étroites de l'outil terminé, il subisse des travaux de déformation considérables, tandis que dans d'autres enfin il ne reçoive qu'un étirage insignifiant.

Il en résultera dans l'outil terminé des zones de résistance inégale et de structure différente. On dira que cet outil présente des *tensions de forgeage*. On constatera, au cours du finissage, qu'il se laissera travailler d'une façon très inégale; à la trempe il éclatera.

Pour faire disparaître ces tensions dans les pièces forgées, ou pour faciliter le travail à froid des pièces brutes, on *recuit* l'acier brut ou les pièces forgées, avant leur élaboration.

Le *recuit* de l'acier à outils doit être pratiqué avec autant de soin et d'attention que toutes les autres opérations au cours desquelles l'acier à outils est exposé à la chaleur.

La règle générale à observer relativement au recuit est la suivante :

Chauffer l'acier aussi doucement et aussi uniformément que possible, jusqu'au rouge cerise; ne le maintenir à cette température que juste le temps qu'on jugera nécessaire pour que le métal ait pris dans toutes ses parties une température uniforme. Puis laisser refroidir lentement l'acier en le préservant de toute cause de refroidissement brusque.

L'acier à outils exposé pendant le recuit à l'action de l'air, se recouvre d'une couche d'oxydes qui atteint souvent une profondeur notable; il se décarbure superficiellement, et peut, si la température est élevée, se trouver rapidement surchauffé ou brûlé (les parties décarburées ne prennent plus qu'imparfaitement la trempe). Pour éviter ces inconvénients, on pratique souvent le recuit de l'acier en vase clos, à l'abri de l'air. Quant au *surchauffage* de l'acier au cours du recuit, on ne peut s'en préserver que par l'observation très consciencieuse de la température.

Relativement à la pratique même du recuit il y a lieu de tenir compte des observations suivantes :

Le recuit d'outils ou de blocs d'acier *isolés* peut être pratiqué dans l'un quelconque des fours ou feux indiqués précédemment. Lorsque, sous l'influence de la chaleur, l'objet à recuire aura atteint bien uniformément la température correspondant au rouge cerise, on l'enterrera soigneusement sous un lit de fraisil de charbon de bois, ou de petit coke, et ainsi recouvert de toutes parts, on le laissera refroidir lentement.

Si l'on veut suivre cette méthode pour donner le recuit à des pièces particulièrement dures (et qui, par conséquent, craignent particulièrement le feu), on se servira de boîtes en tôle, ayant les dimensions voulues, ou de *caisses à recuire*, en fonte, affectées, ainsi que leur nom l'indique, spécialement à l'opération du recuit. On y emballera les objets à recuire dans du charbon de bois bien cuit, du charbon de cuir, des rognures de corne ou de la tournure de fer propre et exempte de rouille. On lutera soigneusement les joints du couvercle et tous les autres orifices des caisses. Pour le chauffage on devra prendre les mêmes précautions que si l'acier n'était pas emballé. Quand la caisse à recuire aura atteint une température suffisamment élevée, on la recouvrira de fraisil de charbon et on la laissera refroidir lentement. Les objets recuits ne devront être tirés de l'enveloppe protectrice qu'après refroidissement complet.

Pour donner le recuit à des outils achevés ou à des blocs d'acier en plus grand nombre, et principalement quand les opérations de recuit devront être pratiquées d'une façon courante, il sera bon d'établir des fours à recuire spéciaux.

La figure 20 représente un four à cuve affecté au recuit d'objets forgés, tels que : rondelles de fraises, limes, étampes, organes de bicyclettes, etc., ou encore des barres ou blocs d'acier au creuset, en tronçons de faible longueur.

Dans ce four on brûlera d'ordinaire du bois ou de la

tourbe; l'emploi de combustibles développant une chaleur intense doit être proscrit.

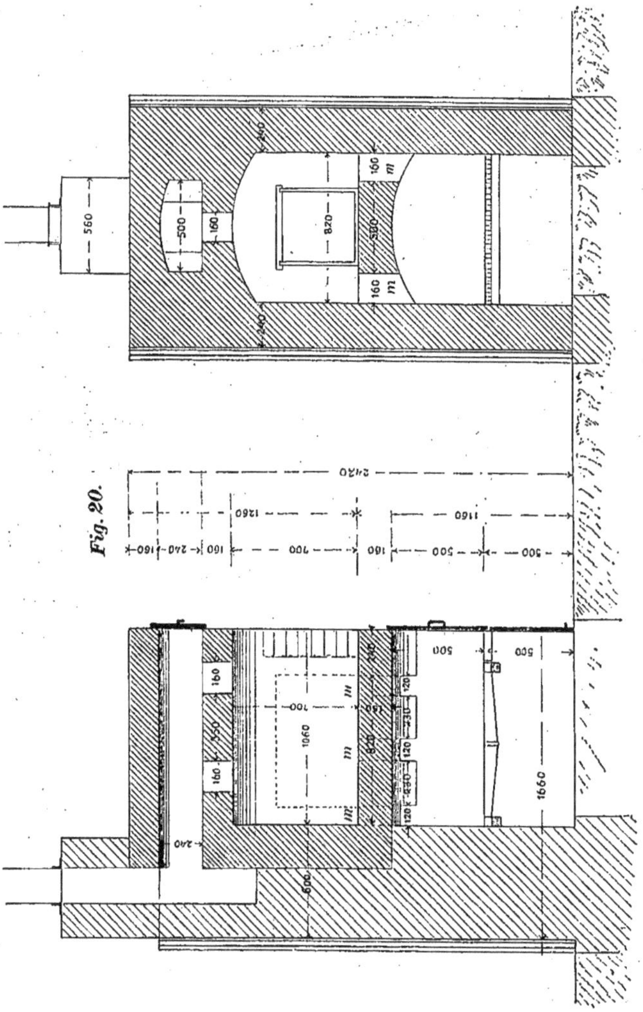

Fig. 20.

Les blocs ou objets achevés seront entassés sur la sole du

four de manière à laisser libre un espace de plusieurs centimètres de large en regard des ouvertures *m, m, m*. Dans
aucun cas les pièces à recuire ne devront dépasser ces orifices.

Fig. 21.

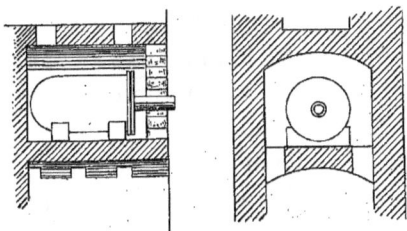

Le chargement fini, on fermera la porte de travail ; s'il
n'y a pas de porte, on garnira l'ouverture d'enfournement

Fig. 22.

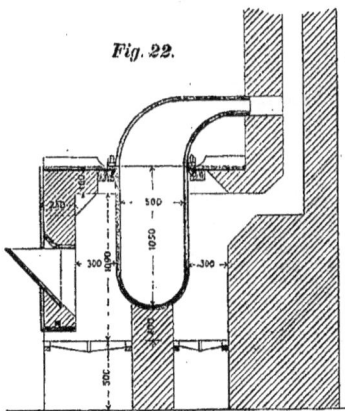

avec des briques réfractaires bien serrées les unes contre les
autres et on lutera soigneusement les joints avec de l'argile.

Pour permettre de suivre la marche des opérations, on a,

ménagé, dans les portes et les parois latérales, des regards
munis d'obturateurs.

La mise en feu du four n'exige au début que peu de combustible; on forcera le chauffage au fur et à mesure que la
température s'élèvera, et on le poussera jusqu'à ce que tout
le métal chargé sur la sole ait pris de part en part bien uniformément la température du rouge cerise pas trop clair.
Au bout de quatre à huit heures (selon la contenance du
four), cette température sera atteinte. A ce moment, on
fermera les portes, les registres de la cheminée et tous les
carneaux servant à régler le tirage du four, et on lutera à
l'argile toutes les fissures par lesquelles pourrait y pénétrer
de l'air ; ceci fait, on abandonnera le four au refroidisse-

Fig. 23.

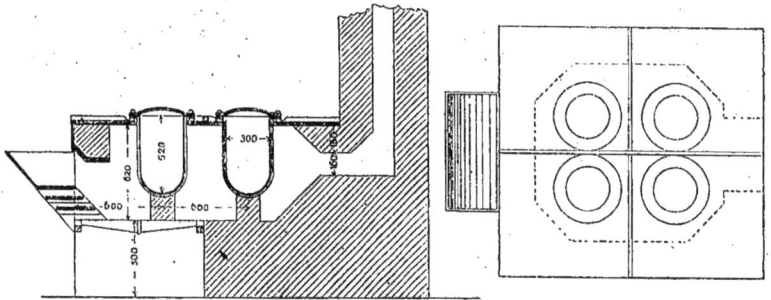

ment lent ; il faut compter quarante-huit à soixante-douze
heures pour arriver au refroidissement voulu.

L'acier à outils ainsi recuit est doux et de constitution
très homogène.

La façon de procéder est absolument la même quand on
pratique le recuit dans l'un des fours à moufle décrits plus
haut.

Le four de la figure 20 peut servir aussi à recuire de l'acier en vase clos, dans des pots ou des caisses à recuire ; ces

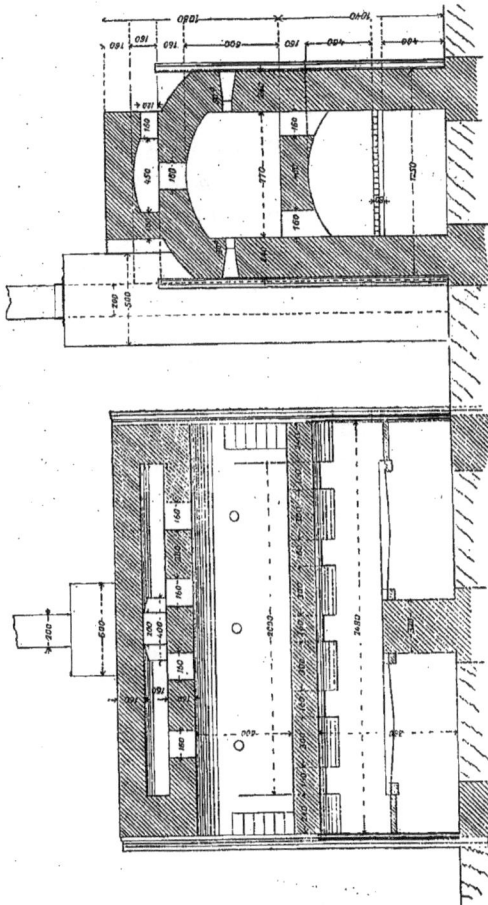

Fig. 24.

récipients, une fois chargés, seront placés sur la sole du
four et chauffés exactement comme nous venons de l'indi-

quer ; comme combustible on pourra employer la houille.

Les figures 20 et 21 montrent les dispositions à adopter.

La figure 22 représente un four muni d'un pot à recuire de grandes dimensions.

La figure 23 en représente un autre garni de plusieurs pots de plus petit volume.

Quant à ces fours on observera que les pots à recuire peuvent facilement être chauffés inégalement par la flamme qui les lèche, et que les objets qu'ils renferment sont exposés de ce fait à être surchauffés localement, ce qui peut conduire, lors de la trempe, à une forte proportion de rebuts. Un chauffage lent et une attention constante permettent d'éviter cet écueil.

Pour se rendre compte du résultat de l'opération, on ajoute aux objets à recuire de petits barreaux d'acier (chutes, bouts) de même provenance que le métal sur lequel on opère. On dispose ces éprouvettes dans les parties du four ou du pot à recuire les plus exposées à êtres urchauffées. Le recuit terminé, on casse les éprouvettes ; la comparaison de leurs cassures avant et après recuit permet de juger de la température du four.

La figure 24 représente un four à recuire du même système que celui que représente la figure 20, mais construit pour recuire des objets plus longs.

APPAREILS AFFECTÉS A LA TREMPE DE L'ACIER

Les fours représentés par les figures 1 à 18 inclus pourront servir à donner à l'acier la chaude de trempe.

Aucune passe de la fabrication des outils n'exige un chauffage aussi parfaitement *uniforme*. La plus petite faute peut causer ici des dégâts irréparables.

Le choix des appareils et procédés de chauffage devra être fait avec un soin d'autant plus minutieux que la perte d'un outil entraînera aussi celle des frais de main-d'œuvre dont cet outil est grevé.

Il n'existe malheureusement pas de dispositif parfait, permettant d'arriver avec certitude, spontanément, et pour ainsi dire automatiquement au chauffage uniforme de l'outil. La réussite dépend en dernière analyse de l'habileté et de l'attention de l'opérateur.

Des appareils de trempe mal disposés fatigueront rapidement l'outilleur, en exigeant de sa part beaucoup d'attention et d'observation ; ils donnent par suite naissance à une foule de circonstances défavorables, qui peuvent avoir pour conséquence la fabrication d'outils défectueux ou complètement inutilisables.

Il y aura donc avantage à faire choix de dispositifs étudiés en vue de ne point laisser s'éparpiller l'attention de l'outilleur, et ne nécessitant pas de sa part une habileté par trop considérable.

Quant au *choix* des appareils, nous conseillons ce qui suit :

Si l'on n'a à sa disposition que des feux de maréchal, on ne devra y chauffer des outils en vue de la trempe que dans du *charbon de bois exclusivement*, et même au cas où l'on croirait réussir momentanément avec un autre combustible. Les effets résultant de la préférence accordée au charbon de bois se manifesteront à bref délai par l'obtention de produits de meilleure qualité, plus homogènes et plus durables.

Les dispositifs indiqués sur les figures 2 et 3, et dont nous

avons recommandé l'usage, peuvent être employés avec succès dans certains cas où l'on doit tremper de petites quantités d'outils délicats, tels que : forets hélicoïdaux, alésoirs,
fraises, etc.

Les fours des figures 4 à 6 inclus se recommandent particulièrement pour la chauffe de trempe d'outils de toute
nature, à cause de leur construction simple et de leur établissement peu dispendieux. Si l'on y brûle du charbon de
bois, on pourra y donner facilement et sans grand danger la
chaude de trempe même aux outils les plus compliqués.
Ces fours sont d'ailleurs d'un usage très répandu.

Le four de la figure 7 ne devrait manquer dans aucun
atelier où se trempent des pièces longues et en particulier
des lames de cisailles.

De tous les systèmes de fours, ce sont les *fours à moufle*,
dont on a vu plus haut la description, qui se prêtent le mieux
à chauffer l'acier pour la trempe. Ils ont, en outre, l'avantage de permettre l'emploi de combustibles dont l'usage dans
d'autres fours serait à proscrire comme nuisible au métal.

L'outil chauffé au moufle est soustrait à l'influence directe
du combustible et des gaz de la combustion ; pourtant
l'accès de l'air ne saurait jamais s'éviter complètement.
D'autre part, un chauffage peu uniforme du moufle et le
contact de l'outil avec les parois de ce dernier peuvent
donner lieu à une répartition inégale de la chaleur dans les
différentes portions de l'outil ; ce dernier peut donc, même au
moufle, se trouver dans des conditions défavorables à un
chauffage uniforme. Il y a lieu, par suite de rechercher dans
certains cas d'autres procédés de chauffage offrant des
garanties plus complètes.

Ces procédés consistent à chauffer l'outil à *l'abri complet*
de l'air :

1° Soit dans un bain de *métaux en fusion ;*

2° Soit dans une *dissolution de sels* dont le point de fusion est connu.

Avant d'entrer dans de plus amples détails, il est bon d'observer que des objets chauffés dans des bains de matières en fusion peuvent parfaitement être surchauffés, ou, au contraire, ne point atteindre une température assez élevée. De même qu'une paroi de moufle ou une pièce en acier, un bain de substances fondues peut se surchauffer ; sa fluidité n'exclut point la répartition irrégulière de la chaleur dans ses différentes parties ; c'est ainsi qu'on peut dans un récipient rempli d'eau provoquer l'ébullition des couches superficielles, sans élever la température des couches profondes.

On se servira, pour la fusion des métaux ou des sels, de creusets en fonte de section généralement circulaire, qu'on disposera dans un four, ainsi que l'indique la figure 25. On

Fig. 25.

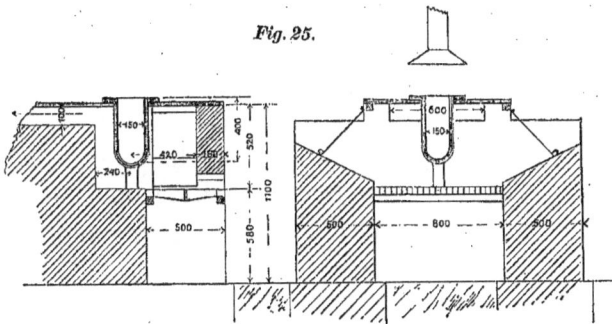

chauffera soit au coke, — dans ce cas on fera choix d'un coke ne dégageant qu'une chaleur modérée, — soit, de préférence, au charbon de bois.

Le four représenté figure 26 permet d'employer comme

combustible le bois, la houille et, à la rigueur, les lignites.

L'appréciation de la température du bain est difficile et ne peut se baser que sur l'observation du degré d'incandes-cence atteint par l'objet chauffé, à moins toutefois que l'on ne dispose d'un appareil pour la mesure des hautes tempéra-tures (pyromètre) tel qu'il en existe déjà de fort perfec-tionnés.

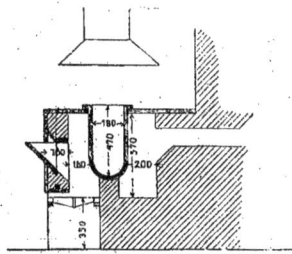

Fig. 26.

Ces pyromètres, ceux par exemple que construisent les ateliers de MM. W.-C. Hevaens à Hanau, et Kaiser et Schmidt à Berlin, sont également employés avec succès pour suivre la marche des fours à recuire.

Parmi tous les métaux qui, à l'état fondu, servent à chauffer l'acier, le plus usité est le *plomb pur*, exempt de tout élément étranger.

Le point de fusion du plomb se trouvant à 335° C., il sera nécessaire, pour atteindre la température requise pour la trempe, de surchauffer le bain et de le porter à envi-ron 750° C.; dans cet état, la surface libre du métal sera sujette à s'oxyder fortement; les pertes par volatilisation seront considérables. Pour réduire les pertes par oxydation (c'est-à-dire dues à la combinaison du plomb avec l'oxygène de l'air), on recouvrira la surface libre du bain d'une couche de 1 à 2 centimètres d'épaisseur de charbon de bois fine-ment pulvérisé. Les vapeurs de plomb, dont l'aspiration produit sur l'organisme des effets nuisibles, devront être évacuées par une hotte (cheminée) indiquée sur les figures 25 et 26.

Nous avons vu que l'acier chauffé au bain de plomb peut

se surchauffer, ou encore recevoir une chauffe manquant d'uniformité ; d'autres inconvénients peuvent se produire : un bain de plomb impur, sulfureux, cèdera à l'acier une partie du soufre qu'il contient; d'où formation de taches molles, réfractaires aux effets de la trempe, dont il a été question dans un des chapitres précédents. On fera bien, par conséquent, de laisser bouillir le bain, durant plusieurs heures, avant de s'en servir. Il arrive aussi qu'en chauffant les outils dans du plomb en fusion le plomb s'attache et adhère en certains endroits, par exemple dans les angles rentrants, entre les dents et, en général, dans les creux des outils à chauffer.

Il en résultera que, lors de la trempe, le contact direct du bain de trempe et de l'outil se trouvant ainsi supprimé, les portions recouvertes de plomb resteront douces. On évitera cet écueil en agissant comme suit : avant de procéder à la chauffe de trempe, on nettoiera, dans la *benzine* ou dans l'*alcool*, les outils, pour les débarrasser de toute trace d'huile qui pourrait y adhérer ; puis, on les recouvrira d'un enduit pâteux que l'on composera comme suit.

On mélangera en volumes :

Charbon de bois finement pulvérisé (charbon
  de cuir)................................... 1 partie
Farine de seigle... .... 1 —
Sel marin................................... 1 —

Ce mélange sera délayé dans une solution saturée de sel marin dans de l'eau. On enduira les outils de la pâte ainsi constituée, et on les séchera soigneusement et lentement avant de les plonger dans le bain de plomb.

Le procédé qui consiste à chauffer l'acier dans des *dissolutions salines* est peu répandu, bien qu'il constitue l'une des meilleures méthodes connues.

Si nos renseignements ne nous trompent pas, ce procédé est breveté ; ceux qui l'appliquent apprécient les avantages considérables qu'il présente.

La composition des solutions salines dont on fait usage n'est point absolument fixe ; elle dépend essentiellement du but à atteindre.

L'emploi de sels, tous très fusibles et qui, portés à une température supérieure à leur point de fusion, se volatilisent rapidement, doit être naturellement rejeté, de même qu'on doit proscrire l'usage de sels qui, par suite de leur composition chimique, pourraient avoir, sur l'acier qu'on se propose d'y chauffer, des effets nuisibles.

En raison de ses qualités spéciales et de son prix modique, le *sel marin ordinaire* constituera l'élément principal des mélanges.

Pour accélérer la fusion du sel marin, on commencera par fondre, dans le même récipient, une petite quantité de soude du commerce (carbonate de soude), plus fusible, et l'on diminuera la viscosité de la masse fondue par l'addition d'un peu de salpêtre. Une addition de chromate de potasse ou de borax améliorera les propriétés du bain fondu ; il en sera de même d'une addition de prussiate jaune de potasse (ferrocyanure de potassium) destinée à combattre la *décarburation* possible, et naturellement nuisible, de l'acier par le salpêtre.

La fusion du sel s'opèrera dans un creuset en fonte, muré dans l'un des fours des figures 25 ou 26 ; on procèdera comme suit : on commencera par garnir le fond du creuset d'une couche de 1 centimètre environ de soude, que l'on pilonnera fortement. Ceci fait, on remplira le creuset, jusqu'au bord, de sel marin, et l'on chauffera jusqu'à ce que tout le sel soit fondu. On ajoutera à nouveau du sel marin pour remplir convenablement le creuset, et l'on fera, en dernier lieu, une addition de 5 % en volume de salpêtre, et 10 à 15 % de chromate de potasse. Le prussiate jaune, en petits morceaux, sera introduit dans le bain, selon les besoins ; on en mettra une dose d'autant plus forte que l'on voudra donner au bain des propriétés cémentantes plus énergiques. Observons toutefois que, les vapeurs de prussiate étant excessivement délétères, on devra en assurer l'évacuation par une hotte (cheminée).

Il est *indispensable* que les objets à chauffer aient leurs surfaces *nettes de toute souillure liquide;* l'huile ou la graisse liquide qui pourraient y adhérer seront enlevées par un lavage préalable à la benzine ou à l'alcool; il faut éviter tout particulièrement que la pièce ne soit mouillée ; l'introduction dans le bain d'un corps humide peut en effet déterminer la projection hors du creuset d'une partie des substances en fusion.

Des objets très froids devront être réchauffés avant leur immersion dans le bain.

Pour maintenir les objets durant leur chauffage, on se servira de petits crochets, au moyen desquels ils seront tenus en suspension dans la masse; on peut aussi faire usage de fil de fer pour attacher les pièces. Les objets qui ne recevront qu'une trempe locale pourront être tenus à la pince ; cette dernière doit toujours être *parfaitement sèche.*

Ce procédé n'exclut pas, bien naturellement, le surchauffage du bain; mais ce surchauffage, qui se manifestera par un fort bouillonnement et par le débordement des matières en fusion, sera facile à saisir et, par suite, plus facile à éviter que lors de l'emploi d'un bain de plomb.

Par contre, la répartition inégale des températures dans le bain peut se produire plus fréquemment. En plongeant dans le bain un barreau d'acier de telle sorte que l'une de

ses extrémités touche le fond, on pourra, par l'observation
des températures des différentes portions du barreau, se
rendre compte de l'uniformité de la chauffe et, au besoin,
régler la marche du four en conséquence.

Les inconvénients provenant de l'adhérence du plomb
fondu, à l'outil, sont écartés par l'emploi du procédé que
nous venons de décrire ; en effet, l'enduit salin fluide qui
recouvre l'outil se détache immédiatement quand on plonge
ce dernier dans l'eau de trempe.

Les outils chauffés dans des sels fondus, conservent intact
l'aspect métallique de leurs surfaces, même après la trempe.
Des objets qui, avant la trempe, étaient recouverts de couches
d'oxydes, présenteront après la trempe, pratiquée selon ce
procédé, des surfaces propres, lisses, exemptes de toute
trace d'oxydation. En ajoutant peu à peu dans le bain de sel
de petites quantités de prussiate jaune, on communiquera
au bain des propriétés cémentantes, dont l'effet se manifestera énergiquement sur le fer et l'acier durant leur
chauffage. Au contact du bain ainsi préparé, le fer doux,
réfractaire aux effets de la trempe, acquiert la propriété de
prendre à la trempe une surface dure comme du verre ; la
dureté de l'acier en lui-même augmentera de même, notablement.

GÉNÉRALITÉS SUR LA TREMPE DE L'ACIER A OUTILS

On désigne sous le nom de *trempe* l'opération qui consiste à refroidir *brusquement* de l'acier porté à un degré
d'incandescence nettement perceptible.

Avant d'étudier les moyens de pratiquer le refroidissement de l'acier pour le tremper, il est nécessaire de donner
quelques explications sur les *modifications* que subit l'acier
lors de la trempe.

Pour que le refroidissement brusque lui communique
de la dureté, il faut que l'acier ait été chauffé pour la
trempe *au-delà* d'une température déterminée.

Pour toutes les qualités d'aciers, la température convenant à la trempe est comprise entre 700 et 800° C.; elle
se rapproche du chiffre le plus faible pour les aciers durs,
du chiffre le plus fort pour les aciers doux.

L'acier trempé réchauffé progressivement perd peu à
peu sa dureté; les effets de la trempe auront complètement
disparu dès que le métal aura repris la température correspondant au rouge naissant perceptible seulement dans
l'obscurité complète.

Quand l'acier ainsi réchauffé présente des surfaces métalliques bien propres, celles-ci se recouvrent pendant la
chauffe d'une pellicule d'oxyde de fer (oxyde magnétique)
dont la coloration dépendra du degré de chaleur atteint.
D'après la couleur qui apparaîtra ainsi sur l'écorce extérieure des pièces d'acier (*couleur de recuit*), on sera à même
d'apprécier la température atteinte; on pourra, en outre, se
rendre compte de l'uniformité de la chauffe et juger si celle-
ci a été poussée assez loin pour atteindre le degré de dureté
demandé.

Sur des aciers de dureté différente, les couleurs de
recuit n'apparaissent pas exactement aux mêmes températures; le choix de la couleur de recuit dépend donc de la
nature de l'acier employé, mais il doit être basé en première
ligne sur le *degré de dureté* auquel l'acier a été porté par
la trempe et sur l'usage auquel l'outil sera affecté.

Avant de mettre en service les outils, il est d'un usage

constant de les faire *revenir*, afin d'atténuer la fragilité que
leur a communiquée la trempe et de leur donner la ténacité
nécessaire pour préserver d'une rupture les parties fatiguées.

Pour les raisons indiquées plus haut, on ne saurait donner que des indications tout à fait générales, relativement au
choix des couleurs de recuit ; on trouvera sur le tableau II
le résumé de ces indications.

Les couleurs de recuit ne peuvent prendre naissance que
si la surface métallique propre de l'acier chauffé se trouve
en contact direct avec l'air ; elles n'apparaîtront pas d'une
façon perceptible sur de l'acier dont la surface est maculée
de graisse ou d'autres substances ; elles ne se produiront
pas non plus si l'on pratique le recuit dans un bain de
métaux fondus, ayant une température déterminée. Les
transformations que la trempe fait subir à l'acier dépendent
principalement de l'état dans lequel se trouvait le métal
avant la trempe. Le refroidissement brusque fixe, d'une part,
le carbone de trempe formé pendant le chauffage de l'acier,
de l'autre, la structure du métal à l'état même où elle se
trouvait au moment de la trempe ; enfin le volume de la
pièce restera également fixé exactement à ce qu'il était au
moment de la trempe. Pendant le chauffage, l'acier, comme
presque tous les métaux, éprouve une dilatation ; son volume
augmente dans des proportions déterminées. Par la trempe,
c'est-à-dire par le refroidissement brusque, la chaleur se
trouve soutirée avec une rapidité telle que le carbone de
trempe n'a plus le temps de se transformer en carbone de
cémentation (état auquel se trouve le carbone dans l'acier
non trempé). La structure du métal acquiert un état de
raideur et opposera aux modifications de forme une résistance beaucoup plus considérable qu'auparavant ; en
essayant de vaincre cette résistance, on ne provoquera plus

le glissement des molécules, mais bien leur séparation complète (rupture, cassure). L'acier, une fois trempé, ne peut
plus se contracter; *il conserve, même après la trempe, le
volume plus grand qu'il possédait étant chaud.*

En comparant les dimensions d'un objet, avant et après
la trempe, on constatera que l'épaisseur et, à un degré
moindre, la largeur ont *augmenté*, tandis que la longueur a
diminué.

Ces modifications, qui ne peuvent se déterminer pratiquement qu'à l'aide d'instruments de mesure très précis,
peuvent cependant, dans certaines circonstances, atteindre
une importance telle, qu'elles deviennent perceptibles à
l'œil nu. Ce fait s'observe sur de l'acier à outils qui a reçu
la trempe, à plusieurs reprises, sans avoir été soumis, avant
chaque nouvelle trempe, à l'opération du recuit.

Prenons un barreau plat, en acier, de 40 millimètres de
large, 10 millimètres d'épaisseur et 80 à 100 millimètres de
long, ou encore une rondelle de fraise non ébauchée, et
d'environ 70 millimètres de diamètre et 12 millimètres
d'épaisseur; faisons subir à ces pièces l'opération de la
trempe; puis réchauffons-les avec précaution jusqu'à la
température de trempe et trempons-les une seconde fois;
recommençons ces opérations dix à vingt fois; les variations de volume qu'auront
éprouvées les pièces ainsi traitées deviendront frappantes.

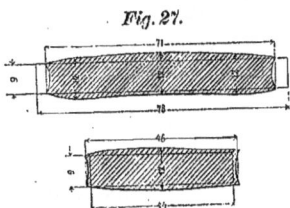

Fig. 27.

Les modifications en question sont d'autant plus sensibles que l'acier est plus dur.
Les coupes figure 27 donnent
une idée de ces modifications;
elles ont été relevées sur une barrette plate en acier à 1 %
de carbone, de 78 millimètres de long sur 44 millimètres de

large et 8 millimètres d'épaisseur, et qui avait subi cinquante et une fois l'opération de la trempe. Des déformations aussi importantes ne pourraient se produire si, au cours de chaque chauffe, avant la trempe, l'acier pouvait reprendre ses dimensions primitives ; mais ceci ne saurait avoir lieu qu'à condition de laisser, après chauffage, refroidir *lentement* le métal.

Le chauffage pur et simple de l'acier avant la trempe n'est, en effet, pas équivalent à un recuit, à moins que ce chauffage ne soit suivi d'un refroidissement *lent*.

En chauffant simplement l'acier pour la trempe, on ne fera pas disparaître les tensions qui existaient dans le métal avant la trempe ; au contraire, ces tensions deviendront plus intenses encore, une fois la trempe pratiquée. Ceci soit dit tout particulièrement parce qu'on entend souvent émettre l'avis erroné qu'un chauffage avant la trempe équivaut à un recuit et suffit amplement à détruire les tensions existant dans le métal. Ainsi qu'il a été dit dans un des chapitres précédents, l'acier, au cours des différentes passes auxquelles il est soumis, éprouve des modifications dans sa structure ; celle-ci devient d'autant plus dense que l'acier aura été étiré à plus basse température ; le volume du métal diminue, son poids spécifique augmente. Dans ces conditions, les molécules de l'acier se trouvent sous le coup des mêmes influences que si l'acier avait subi la trempe, c'est-à-dire elles acquièrent un état de raideur que l'opération de la trempe ne fera qu'accentuer encore, si avant de tremper on n'a pas procédé au recuit. Il résulte de ceci que l'acier non recuit sera plus exposé à se fendre à la trempe, en raison de sa fragilité plus grande. La propriété de l'acier de prendre, à la suite de trempes multiples se succédant directement, est susceptible d'applications pratiques. C'est ainsi qu'on trempe, *sans recuit préalable*, des filières dont le diamètre s'est élargi par l'usage ; on obtiendra, en procédant ainsi, un rétrécissement d'autant plus considérable que l'opération aura été répétée plus souvent.

Quand on entaille des barreaux d'acier de même dureté, mais de sections différentes, par exemple des ronds ou des carrés de 15, 30, 45 millimètres ; puis, qu'une fois entaillés, on les trempe et les casse à l'endroit des entailles, l'inspection des cassures donnera lieu aux observations suivantes :

Le barreau de section la plus faible présentera, dans toute l'étendue de sa cassure, une texture uniforme, à grain serré, pourvu que l'acier employé ait plus de 0,75 $^0/_0$ environ de carbone, et que la chauffe pour la trempe ait pénétré le métal bien uniformément. Les parties centrales du barreau peuvent ici céder assez rapidement leur chaleur au bain de trempe, pour que la trempe soit uniforme dans toute l'étendue de la section.

Sur la cassure du barreau de section moyenne, on relèvera au centre une tache, assez nettement délimitée, disposée symétriquement par rapport aux bords de la cassure, et à l'intérieur de laquelle le grain sera plus gros. Le noyau intérieur, n'ayant pas pu céder assez rapidement sa chaleur au bain de trempe, a pris ici une trempe moins vive que la croûte extérieure ; ceci explique la présence d'un grain plus gros au centre de la cassure.

Ce phénomène s'accentuera dans la cassure du barreau le plus épais. L'examen de la cassure révèle ici que le grain grossit et que la dureté décroît sensiblement quand on chemine de la surface vers le centre.

On consacre rarement assez d'attention à ce phénomène qui, en connexion avec le fait de l'augmentation de volume après la trempe, est, pour la pratique de cette opération, d'une importance capitale en ce qui concerne la façon de procéder au refroidissement de l'acier à tremper.

Le croquis figure 28 représente en traits pointillés la
section d'un barreau d'acier non trempé, et en traits pleins
la section de ce même barreau après la trempe. Nous
avons tracé deux cercles concentriques qui
divisent la cassure en trois zones : l'une,
de dureté maxima; l'autre, de dureté
moyenne; la troisième enfin, de dureté la
plus faible.

Fig. 28.

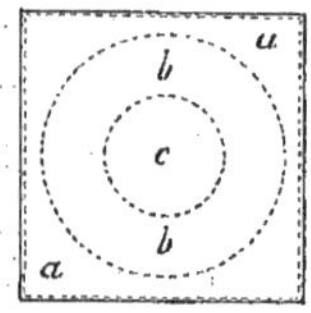

Si maintenant on suit le développement
de ces zones à travers toutes les sections
du barreau, on sera conduit à considérer
des solides, en nombre égal à celui des zones, et à l'intérieur desquels le métal aura à peu près la même constitution. C'est ainsi que dans la portion *a* du barreau
la trempe aura été la plus vive; d'où résulte que cette
portion aura pris la dilatation permanente la plus grande ;
dans l'espace *b* la dureté sera moindre, et la dilatation permanente acquise après trempe, plus faible, l'acier ayant eu le
temps de se contracter légèrement pendant le refroidissement moins rapide de cette portion du barreau. Enfin, dans
l'espace *c* la déperdition de chaleur ayant eu lieu plus lentement encore, cette zone sera celle de dureté la plus faible
et aura la tendance la plus grande à reprendre le volume
primitif qu'elle possédait avant l'opération de la trempe,
c'est-à-dire à se contracter.

Si maintenant on décompose par la pensée la pièce d'acier
non plus en trois, mais en une infinité de zones, il est
facile de concevoir que chacune de ces zones, dans sa tendance à se contracter, exerce sur les zones extérieures une
tension d'autant plus intense, que la zone considérée est
plus voisine du centre.

L'intérieur de la pièce travaillera à l'arrachement, et les
efforts qui prendront naissance seront d'autant plus considé-

rables que la section de la pièce sera plus grande et que la
trempe reçue par le métal aura été plus vive.

Si dans les différentes parties du barreau les tensions
deviennent telles que leur valeur dépasse la résistance du
métal, un déplacement des molécules se produira, et l'acier
subira un allongement dont l'effet sera d'annuler ou d'affaiblir les efforts de tension. Or, plus l'acier est dur, moins il
est susceptible de s'allonger, par conséquent, plus vite se
produira la séparation des molécules, autrement dit, la
rupture.

L'acier ne se déchire pas toujours aux endroits de plus
grande tension ; la rupture prend souvent ses origines là où
le métal possède le degré le plus faible d'allongement et de
ténacité; aussi cet accident se produit-il en général sur les
angles vifs et sur les arêtes, où la dureté est la plus
grande, et rarement dans le corps même des pièces, dont
le noyau, plus doux, peut supporter plus facilement, sans
se déchirer, un allongement provenant des efforts de
tension.

Les tensions intérieures peuvent cependant prendre une
valeur telle, que l'allongement maximum dont est susceptible le noyau central, plus doux, de l'acier, ne suffit plus
à les équilibrer [1]. Dans ce cas les fentes, lors de la trempe,
prendront leur origine à l'*intérieur* même du métal.

Tandis que les fentes qui partent de la surface ou de points
voisins de la surface prennent naissance le plus souvent dans
le bain de trempe même, et s'aperçoivent immédiatement
après la trempe, les ruptures internes ne se produisent qu'au

---

1. Quand l'acier présente dans sa masse des solutions de continuité provenant de l'entonnoir de ravalement ou de soufflures, ou si le métal présente,
par suite de liquations, des variations dans sa composition chimique, les fissures intérieures se produiront plus sûrement encore, lors de la trempe. Mais
les causes auxquelles il faudra attribuer ces fissures — métal défectueux —
seront nettement visibles dans les cassures.

bout d'un certain temps et ne se manifestent souvent que
plusieurs jours après la trempe, par l'éclatement de l'outil.

Les outils à section symétrique, les pièces de grandes
dimensions, celles pour la confection desquelles on a
employé de l'acier dur, sont plus sujettes que d'autres aux
ruptures internes. En effet, dans les pièces de section
symétrique, le noyau central subit simultanément des efforts
de tension considérables suivant plusieurs directions à la
fois ; et dans celles qui sont fabriquées en acier dur, il y a
disproportion entre les tensions particulièrement fortes et
la ténacité particulièrement faible.

Les plats minces en acier et les profilés de faible épaisseur sont moins sujets à des ruptures internes que les
aciers ronds ou carrés, ou que les boulets ou pièces cubiques
en acier.

Quand on examine la cassure d'une pièce d'acier trempé
de section suffisamment forte, on y trouve en bordure une
bande plus ou moins large à texture fine, tout à fait uniforme comme grain et comme dureté ; cette bordure enveloppe presque sans transition un noyau central délimité par
une courbe fermée, à l'intérieur de laquelle le grain est plus

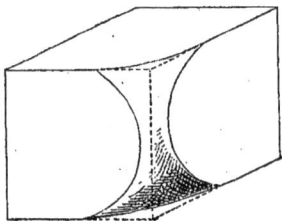

Fig. 29.

gros et la dureté du métal
moindre. C'est sur la ligne de
démarcation, entre les deux espèces de structure qu'existeront,
assez près de l'écorce extérieure,
les plus fortes tensions. C'est sur
cette ligne aussi que l'acier présente le moins de ténacité, et
c'est suivant ce contour générale-
ment courbe que le métal éclatera. C'est ainsi qu'éclatent,
après une série de trempes successives, les angles vifs d'un
cube en acier ; cette séparation, dont la figure 29 permet

de suivre les contours, peut même se produire dès la première trempe si l'acier est fragile ou rendu tel par surchauffage.

Les dents d'une
fraise peuvent de
même se séparer sui-
vant un contour cur-
viligne qui longera
la ligne de démarca-
tion entre les deux
espèces de structure.

Fig. 30.

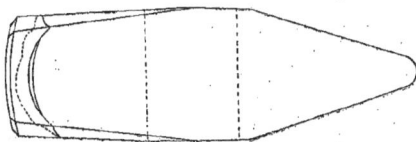

Pour les mêmes raisons, la frappe d'un marteau pourra
éclater comme l'indique la figure 30.

L'excès des efforts de tension peut, particulièrement pour
des pièces en acier dur, devenir tel
que, lorsque ces pièces se fendent
après trempe, les éclats en sont, au
moment de la rupture, projetés avec
véhémence.

Fig. 31.

La figure 31 représente un barreau rond, en acier spécial
très dur; ce barreau a éclaté de l'intérieur à l'extérieur,
après la trempe. L'intensité des efforts de tension qui se sont
exercés sur le noyau central du métal
se mesure facilement à la déformation
qu'ont subie les deux tronçons.

La figure 32 représente une fraise à
cylindres dont les angles ont éclaté
pendant la trempe, d'après le contour
curviligne mentionné plus haut.

Fig. 32.

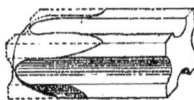

Les forces dont nous venons de décrire les effets pré-
existent dans tout outil trempé et conduisent souvent à une
rupture de ce dernier, même lorsque l'acier dont il est
fabriqué est sans défauts et de qualité irréprochable, mais

quand il a reçu une trempe défectueuse, ou lorsque l'on a omis d'atténuer par un *recuit* survenu en temps utile la fragilité du métal trempé.

Aux efforts de tension qui se manifestent dans la section transversale d'une pièce en acier trempé et qui sont dus à la dilatation de la section, tant en largeur qu'en épaisseur, viennent se joindre d'autres tensions provenant de la contraction de la pièce dans le sens de sa longueur.

Il est facile de suivre les effets de ces tensions, en se représentant que, sous l'action de la trempe, l'écorce extérieure de la pièce a subi une contraction, tandis que le noyau central, refroidissant plus lentement, manifeste la tendance à se dilater. De là résultent, dans les couches de dureté maxima, des efforts de tension dirigés parallèlement à la longueur de la pièce.

Ces tensions longitudinales entraîneront la déformation de la pièce trempée, toutes les fois que le refroidissement, lors de la trempe, n'aura pas été uniforme. Si, après avoir chauffé bien uniformément un barreau plat, on le plonge dans l'eau suivant sa longueur et son épaisseur (de champ), de telle façon que la moitié seulement de la largeur soit immergée, la partie plongée dans le bain de trempe subira un raccourcissement, tandis que la partie non immergée se dilatera. Sous l'influence de ces efforts divers, la pièce se déjettera en affectant des contours curvilignes, de telle façon que la partie trempée prendra une courbure concave, tandis que la partie non trempée se bombera vers l'extérieur.

Recourbons sur lui-même un barreau d'acier de manière à lui donner la forme d'un anneau non complètement fermé ; chauffons cet anneau à l'incandescence, puis refroidissons-en brusquement la surface externe ; celle-ci se contractera ; comme conséquence de ce raccourcissement, l'anneau s'ouvrira (*fig.* 33).

Des outils de forme annulaire, par exemple des rondelles
de fraises, subissent au moment de la trempe une contraction périphérique ; autrement dit, l'écorce extérieure se
contracte, tandis que les couches intérieures refroidies moins
énergiquement ont une tendance à se dilater. L'écorce extérieure, dure, du métal enserre comme une frette les couches
intérieures, lesquelles, dans leur tendance à s'allonger,
viennent exercer sur cette enveloppe rigide des efforts de rupture et arrivent souvent à faire, effectivement, éclater l'outil.

Les fentes qui
se produisent
dans ces circon-
stances pren-
nent leur ori-
gine à la sur-
face, et, une
fois amorcées,
se prolongent à
travers toute la
section en s'orientant vers le centre.

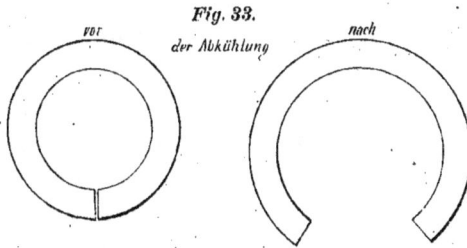

Fig. 33.

L'observation de ce phénomène porte à conclure que toute
cause d'échauffement, à l'intérieur du métal, d'une couche
déjà refroidie, aura pour effet d'augmenter la tendance à se
dilater que possède cette couche, et, par conséquent, d'augmenter le danger de rupture auquel est exposée l'écorce extérieure ; ces ruptures peuvent même n'avoir pas d'autre cause.

On prévient ces accidents en réchauffant l'acier du
dehors au dedans immédiatement après la trempe ; on rendra ainsi plus tenace la couche extérieure dure, ce qui lui
permettra de se prêter plus facilement aux déformations[1].

1. Les explications qui précèdent ne s'appliquent naturellement qu'à des aciers
de composition normale et prenant bien la trempe. Les aciers qui sont peu
sensibles aux effets de la trempe éprouvent bien aussi une variation de volume

LA TREMPE DES OUTILS
QUI DOIVENT ÊTRE ENTIÈREMENT TREMPÉS

De ce qui précède on peut conclure qu'il faut chercher la cause immédiate des ruptures des pièces en acier soumises à la trempe, dans les variations de volume qui se produisent lors de cette opération et qui persistent après elle.

Le recuit, en augmentant la ténacité de l'acier, communique aux molécules la propriété de se prêter plus facilement aux déformations et écarte de ce fait le danger de rupture. Mais il est nécessaire que l'amélioration de la ténacité intervienne à temps, à proprement parler, pendant la trempe elle-même; on peut dire que la passe dont résulte cette amélioration fait partie de l'opération de la trempe.

Dans ce qui va suivre nous allons décrire comment, au moyen du recuit, on peut éviter les insuccès à la trempe.

Avant de commencer l'opération de la trempe, l'opérateur devra rechercher quelle est la portion de l'outil la plus exposée à se fendre, et, partant de là, prendre toutes ses dispositions pour éviter les fissures.

pendant le chauffage, mais cette variation de volume ne reste point fixée par la trempe; la trempe n'agissant pas assez profondément, l'écorce trempée suivra le mouvement des couches internes qui se dilateront de nouveau après la trempe. Le manganèse exerce une grande influence sur les variations qu'éprouve l'acier lors de la trempe, et, dans des circonstances déterminées, il peut même empêcher complètement ces variations de se produire. De l'acier à environ 0,45 % de carbone, et une assez forte teneur en manganèse (0,8 à 1,0 %) n'éprouve presque pas après trempe, de variation dans ses dimensions. Aussi se sert-on souvent d'acier de cette composition pour la confection d'outils fatiguant peu et devant conserver exactement leurs dimensions après la trempe.

Comme règle générale on peut admettre que les parties
saillantes des outils, angles vifs, arêtes, dents, etc., sont
exposées à éclater ou à éprouver des ruptures superficielles.

Les déchirures de l'intérieur vers l'extérieur sont à
craindre quand il s'agit d'outils massifs de grandes dimensions. Si ces outils présentent, en outre, des parties saillantes,
telles qu'on en trouve sur les tarauds, les alésoirs, les
fraises, ces parties saillantes seront d'autant plus exposées
à éclater, que les dimensions des parties massives de ces
outils seront plus grandes.

Le recuit de l'écorce extérieure de l'acier rendra aux molécules une plus grande mobilité et fera disparaître cet état
de rigidité absolue. La plus grande ténacité qui en résultera
écartera le danger de rupture auquel sont exposées les
parties saillantes, qui, autrement, pourraient se séparer du
corps de la pièce, suivant des contours conchoïdaux; il faut
naturellement que le recuit intervienne à temps, c'est-à-dire
avant que des fentes n'aient pu se reproduire. Nous avons
fait observer précédemment qu'en général l'acier se fend à
la surface ou près de la surface, déjà lors du refroidissement; cet accident est d'autant plus à craindre que le métal
est plus dur, la température de trempe plus élevée et le bain
de trempe plus froid.

Lorsque, pour citer un exemple, on trempe à l'eau une
fraise massive à dents nombreuses, et qu'on ne pousse le
refroidissement que jusqu'à pouvoir tenir sous l'eau sans se
brûler la main sur l'outil, on ne constatera que rarement
que des dents se soient fendues. Si, cette constatation faite,
on retrempe immédiatement la fraise dans le bain de trempe,
et qu'on l'y maintienne jusqu'à refroidissement complet,
la rupture de certaines dents, parfois même de toutes, se produira rapidement et se continuera même sur l'outil retiré
du bain de trempe après refroidissement complet.

Le fissurage de l'écorce, à la trempe, est accompagné d'un bruit sonore particulier, bien connu des ouvriers trempeurs expérimentés. — La rupture des dents de la fraise a eu pour cause le refroidissement poussé à un point tel que, la croûte extérieure la plus dure ayant atteint son maximum de raideur et de dureté, la chaleur qui lui était transmise par le noyau central ne suffisait plus à la maintenir dans un état de ténacité convenable. La résistance de l'écorce allait donc en diminuant, tandis que les efforts de tension auxquels elle était soumise croissaient avec le refroidissement ; elle devait donc, en fin de compte, être vaincue.

On évitera les ruptures à surface de séparation conchoïdales, de certaines parties saillantes des outils, en arrêtant le refroidissement au moment où l'outil, ayant acquis toute sa dureté, n'aura point encore atteint son refroidissement complet (trempe interrompue). Cependant l'outil, livré ainsi au refroidissement lent, peut avoir conservé dans ses parties centrales assez de chaleur pour que celle-ci, réagissant sur l'écorce la réchauffe à haute température ; il s'en suivra que l'outil pourra perdre la dureté que lui a communiquée la trempe ; il se *détrempera*.

On évitera cet acident en ne laissant point refroidir à l'air libre l'outil incomplètement refroidi, mais en terminant lentement le refroidissement par une immersion de l'outil dans un liquide possédant la propriété de lui soutirer la chaleur *moins vivement* que le bain de trempe : on emploie le plus souvent à cet effet l'*huile* ou le *suif fondu*.

Cette façon d'opérer étant incertaine, on ne l'emploie pas volontiers dans la pratique, quand il s'agit d'obtenir avec certitude des degrés élevés de dureté.

Le maximum de dureté d'un outil ne s'obtient néanmoins qu'en le laissant refroidir dans le bain de trempe assez complètement pour qu'il ne puisse plus être question d'un recuit proprement dit par la chaleur interne.

Ainsi que l'indique le tableau n° II, la couleur de recuit *jaune clair* ne commence à apparaître sur l'acier qu'à une température de 220°. L'outil trempé et complètement refroidi à sa surface pourra donc, sans hésitation aucune, être réchauffé par une action *extérieure* jusqu'à une température voisine de 220°, sans qu'on ait à craindre de le voir perdre sensiblement sa dureté.

Ce recuit au moyen d'une source de chaleur extérieure communiquera à l'écorce dure et rigide du métal une ténacité un peu plus grande, et la rendra susceptible de suivre plus facilement les variations de volume du noyau central sans se séparer de celui-ci ni perdre de sa dureté.

Cette façon d'opérer trouve de fréquentes applications dans la pratique. L'ouvrier trempeur remet au feu, immédiatement après la trempe, l'outil « presque » complètement refroidi, et le réchauffe jusqu'à une température où le recuit proprement dit ne saurait encore se produire. Mais ce réchauffage de l'acier exige beaucoup d'habileté pour être uniforme et pour que les angles vifs et les arêtes ne soient pas surchauffés. Aussi préfère-t-on, au lieu de reporter l'outil au feu de forge ou au four, le réchauffer dans du *sable brûlant* ou dans de l'*eau chaude*.

Si l'on veut faire usage de sable, on chauffera ce dernier dans un récipient, et on le portera à température telle qu'on ne puisse plus le toucher à la main et qu'un peu d'eau projetée à sa surface s'évapore rapidement sans faire entendre aucun sifflement. Au moment voulu, on plonge l'outil dans ce bain de sable de manière qu'il en soit complètement et uniformément recouvert, et on l'y laisse refroidir.

L'eau chaude sera d'un emploi plus sûr eu égard à la température à observer pour le réchauffage : l'outil « presque » complètement refroidi sera plongé vivement dans de l'eau bouillante ou très chaude, dans laquelle et avec laquelle on le laissera refroidir.

Si l'outil a été porté trop tôt dans l'eau chaude, c'est-à-dire à un moment où le noyau central possédait encore assez de chaleur pour que celle-ci, combinée avec la chaleur agissant du dehors, ait pu amener une diminution dans la dureté du métal, il faudra, au bout de quelques minutes d'immersion dans l'eau chaude, replonger l'outil dans le bain de trempe, puis le reporter à nouveau dans l'eau chaude dans laquelle finalement on le laissera jusqu'à refroidissement complet.

La méthode que nous venons d'exposer a pour but de garantir, pendant l'opération de la trempe même, les outils contre des ruptures possibles, internes ou externes, en leur donnant un recuit partiel qui en augmente la ténacité ; cette méthode, qui s'applique aux outils devant être entièrement trempés, se recommande pour des outils de tous genres, sans distinction de forme ni de taille.

Dans certains cas particuliers on recommande de laisser l'outil trempé refroidir complètement dans le bain de trempe, et même de l'y maintenir plus longtemps encore. Cette manière d'opérer a pour but de conserver à l'outil trempé la plus grande dureté dont il est susceptible, non seulement à l'extérieur, mais encore dans les parties centrales. On pratiquera ensuite, sur l'outil complètement refroidi, le recuit par une source de chaleur externe, pour rendre à l'écorce extérieure une plus grande ténacité.

En employant ce procédé, on risque, il est vrai, de perdre l'outil. Il ne sera pas rare, en effet, de voir éclater des angles ou des arêtes, suivant des surfaces de rupture conchoïdales ; en employant des aciers très tenaces les déchirures internes seront plus rares. Le procédé tel qu'il vient d'être indiqué est appliqué dans la pratique à la trempe d'outils devant travailler sous forte pression, tels que, par exemple, les outils de presses.

On ne peut pas, sans s'exposer à des insuccès, appliquer à de grandes pièces, telles que les cylindres de laminoirs, ou à des pièces particulièrement compliquées, telles que des corps creux, des tubes, etc., les procédés de trempe utilisables pour la trempe d'objets de plus petites dimensions. Le refroidissement d'outils de ce genre exige des dispositions spéciales que nous examinerons en détail dans le chapitre qui traitera de la trempe de ces outils.

La trempe d'outils dont toute l'écorce doit recevoir un durcissement uniforme exige, de la part des ouvriers trempeurs, une très grande expérience et une habileté consommée ; elle exige, en outre, des installations parfaitement disposées.

Cependant, dans la pratique, un chauffage bien conduit, une trempe appropriée ne suffiront point toujours pour éviter des ruptures et se préserver de la perte d'un outil. Il faut encore que le constructeur de l'outil ait tenu compte de l'influence des actions destructives qui se produiront lors de la trempe.

Il arrive que l'on demande à l'ouvrier outilleur de réaliser l'impossible ou à peu près : par exemple, de mener à bonne fin la trempe de fraises auxquelles le constructeur aura donné les formes les plus extravagantes, sans avoir tenu compte des dangers de rupture à la trempe, dangers d'autant plus grands que les pièces sont plus volumineuses et leurs formes plus compliquées, et que les soins les plus minutieux ne sauraient écarter.

Pour peu que leur mode d'emploi le permette, on devra sectionner les outils de grandes dimensions ou de forme compliquée ; dans ce cas l'outil complet sera formé par la

réunion de plusieurs tronçons; c'est ainsi que l'on procède
pour les fraises à planer de grande longueur. Les tronçons
courts dont on les compose se raccordent suivant des plans

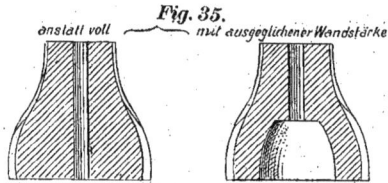

Fig. 35.

anstatt voll — mit ausgeglichener Wandstärke

obliques sur l'axe de l'outil, de telle sorte que les points ne
puissent pas nuire à la netteté du travail (*fig.* 34).

Un outil profilé de façon à présenter des épaisseurs très inégales, comme celui que représente la figure 35, sera exposé à
des ruptures internes, par suite du refroidissement inéga-

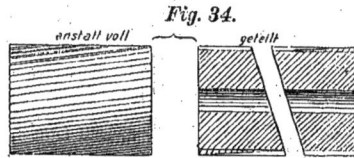

Fig. 34.

anstatt voll ⌐ geteilt

lement rapide qu'il subira à la trempe. On pourra atténuer
ces effets fâcheux en creusant l'outil de manière à lui donner
des parois ayant autant que possible une épaisseur constante.

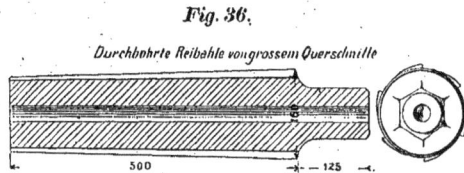

Fig. 36.

Durchbohrte Reibahle von grossem Querschnitte

500   — 125 —

Lorsque la section d'un outil présente des axes de symétrie, on peut affaiblir les tensions qui existent à l'intérieur

de l'outil, en le perforant. C'est ainsi que l'on perfore dans le sens de la longueur, ainsi que le montre la figure 36, les tarauds et les alésoirs de forte taille, qui, après la trempe sont très sujets à éclater du dedans au dehors, et qui, par suite de la quantité de chaleur considérable accumulée dans leurs parties centrales, sont difficiles à refroidir. Lorsque l'outil est plein, les efforts de tension que développe la trempe se concentrent sur l'axe même de l'outil; lorsqu'au contraire l'outil est creux, ces mêmes efforts se répartissent sur toute la surface intérieure de la cavité.

Il n'est pas possible, cela va sans dire, d'énumérer toute les circonstances dans lesquelles des modifications souvent insignifiantes, apportées à la forme des outils, permettent de diminuer les risques d'insuccès à la trempe. Disons seulement que dans la pratique ces cas sont nombreux.

En principe, celui qui construit un outil doit se préoccuper de lui donner la forme la plus simple possible, veiller à ce que les parties saillantes se raccordent d'une façon convenable avec le corps de l'outil, éviter autant que possible les angles vifs et les arêtes; enfin, avoir soin d'établir sans transition brusque le passage d'une section à une autre plus forte ou plus faible.

TREMPE DES OUTILS QUI NE DOIVENT RECEVOIR QU'UNE TREMPE LOCALE

Nous avons donné, dans ce qui précède, des généralités relatives à la trempe des outils dont l'écorce tout entière doit recevoir un durcissement tout à fait uniforme. Cette opération offre toujours les plus grandes difficultés et exige, pour être menée à bien, beaucoup d'habilité et une pratique considérable.

Toutefois le plus grand nombre des outils ne reçoivent qu'une trempe *locale*, dans le but de durcir les parties de l'outil qui, pendant le travail, sont sujettes à s'user le plus vite ; tandis qu'on cherche à conserver à toutes les autres portions de la pièce la plus grande ténacité possible.

Suivant la nature des outils auxquels elle s'applique, cette trempe partielle peut être pratiquée de trois façons différentes, dont les principes essentiels sont les suivants :

1° La configuration de l'outil permet de le chauffer de manière à ce que les parties à tremper puissent acquérir, à la suite de cette opération un durcissement *graduellement décroissant*, et de le tremper de manière à ce que ce résultat soit atteint ; c'est ainsi que cela se pratique pour les outils de tours, les burins, tranches, etc.

2° Les faibles dimensions ou la forme particulière des outils obligent à chauffer l'outil en entier, mais la possibilité existe, de pratiquer des *trempes locales*. Ce cas se présente pour les marteaux, masses, étampes, frappes de pilons, petits poinçons, fraises larges et courtes, etc.

3° La configuration de l'outil oblige à le chauffer en entier et à le tremper également en entier pour éviter des déformations, des ruptures, etc.

L'*adoucissement* de la portion de l'outil qui n'est pas destinée à travailler a lieu après coup, par un *recuit*. On opère ainsi pour toutes espèces d'outils tranchants : cisailles, lames de rabots, couteaux pour piles de papeterie, emporte-pièces pour cuir.

Les règles à observer pour le chauffage de l'acier en vue de la trempe partielle sont exactement celles qui s'appliquent au chauffage en vue de la trempe totale. L'acier ne devra à aucun prix être porté à trop haute température, ni recevoir, dans les portions à tremper, un chauffage irrégulier.

Il faudra donc chauffer de telle façon que la portion à tremper acquière une température de trempe bien uniforme, et ménager, entre cette portion et les parties de l'outil qui ne doivent pas subir la trempe, une zone de transition assez large, à températures lentement décroissantes.

Lorsqu'un outil possède un taillant mince, ce dernier s'échauffera plus rapidement que le corps de l'outil; il pourra être surchauffé avant que les parties de l'outil qui lui font suite n'aient atteint la température nécessaire.

Dans ce cas, on chauffera d'abord l'outil en arrière du taillant jusqu'au rouge cerise naissant; puis, seulement, on portera le taillant à la température de trempe.

Si l'outil est construit de telle manière que la portion à tremper soit de section faible et fasse suite brusquement et à peu près sans transition à un corps de section plus forte, ainsi que cela se présente par exemple pour le poinçon représenté figure 37, on commencera par porter à la température nécessaire la partie la plus épaisse *a*, et ce n'est qu'ensuite qu'on chauffera la partie plus mince *b*.

Fig. 37.

Les angles vifs de taillants larges sont très exposés à se surchauffer, puis à éclater à la trempe, en suivant dans leur séparation des contours curvilignes.

On devra les préserver contre les excès de chaleur, en les rafraîchissant de temps à autre. A cet effet, on peut, dès que leur température dépasse celle des autres parties du taillant, soit les mouiller à l'aide d'un tampon humide, soit

les saupoudrer d'une poudre sèche de composition suivante :

Sel calciné.......................	1 volume
Charbon de cuir...................	1 —
Râpure de sabots.................	1 —
Farine de seigle.................	1 —

Si, par suite de leur forme particulière, il est nécessaire
de chauffer en entier des outils qui ne doivent recevoir
qu'une trempe locale, la chauffe devra être pratiquée de
telle sorte que la portion à tremper soit portée en dernier
lieu à la température appropriée à la trempe ; on devra donc
porter au feu d'abord la portion de l'outil qui ne doit pas
être trempée.

Quant au refroidissement des outils qui n'ont à subir que
des trempes locales, il y a lieu de remarquer que le refroidissement ne devra jamais produire une démarcation
brusque entre la partie trempée et la partie non trempée ;
entre ces deux portions d'un outil on devra, au contraire,
ménager une large zone de transition, de façon à ce que
le passage d'un degré de dureté à l'autre se fasse insensi-
blement.

Chauffons au rouge cerise, bien uniformément, un barreau
d'acier ; puis, plongeons-en une portion dans l'eau et refroi-
dissons-la de manière à créer une ligne de séparation nette
entre la partie trempée et la partie non trempée ; si maintenant nous essayons de casser le barreau, la rupture se
produira d'autant plus sûrement suivant la ligne de démarcation que l'acier employé aura été plus dur.

Les efforts de tension qui prennent naissance sur la
limite de séparation entre le bout trempé et le bout non
trempé du barreau ont une valeur telle qu'ils absorbent
une portion suffisamment grande de la résistance du métal,
pour qu'en cet endroit un effort beaucoup moindre que celui

qui serait nécessaire en d'autres endroits de la barre puisse provoquer la rupture.

A leur mise en service, des outils trempés de cette façon cassent suivant la ligne de démarcation dont nous venons de parler, si toutefois la rupture ne s'est pas déjà produite à la suite d'une fissure formée lors de la trempe.

Pour obtenir une trempe d'intensité graduellement décroissante, on imprimera à l'outil, pendant son refroidissement dans le bain de trempe, un mouvement lent de va-et-vient dans le sens vertical.

Il peut arriver, et ce cas se présente pour certaines fabrications en gros, qu'on ait intérêt, quitte à les recuire après coup, à tremper d'abord entièrement des outils qui ne doivent recevoir qu'un durcissement local à zone de transition large et bien dégradée entre les parties les plus dures et celles qui ne doivent pas être affectées par la trempe.

Dans ce cas, les dispositions à prendre doivent être étudiées avec le plus grand soin, de manière à éviter toute variation brusque de température d'un point à un autre de l'outil; ces variations brusques donnent en effet, lors de la trempe locale, naissance à des démarcations nettes entre les régions plus ou moins affectées par la trempe.

PROCÉDÉS EMPLOYÉS ET DISPOSITIONS
A PRENDRE POUR LA TREMPE DES OUTILS

La règle générale à suivre pour la *trempe*, c'est-à-dire pour le refroidissement brusque des outils, est exactement la même que celle qui s'applique au chauffage pour la trempe.

Le refroidissement de l'outil porté à l'incandescence doit avoir lieu dans des conditions d'uniformité telles, que la chaleur se trouve soutirée à la portion à tremper d'une façon absolument uniforme.

Quelque simple que paraisse cette règle, elle n'en est pas moins souvent difficile à mettre en pratique, car du seul fait de l'immersion de l'outil incandescent dans le bain de trempe résulte déjà un refroidissement qui, au début, manque d'uniformité.

Au contact de l'outil séjournant dans le bain de trempe, ce dernier s'évapore et enveloppe, partout où les vapeurs formées ne peuvent s'échapper assez rapidement, l'outil d'une gaine de vapeur qui l'empêche de prendre une trempe uniforme. Aussi devra-t-on maintenir constamment en mouvement dans le bain de trempe l'objet à tremper, pour le mettre en contact avec des couches sans cesse renouvelées de liquide, et pour permettre à la vapeur de s'échapper plus facilement. Mais, par suite de ce mouvement, l'outil incandescent sera alternativement, par l'une ou l'autre de ses faces, en contact plus énergique avec le liquide de trempe; de là résulte un manque d'uniformité dans le refroidissement. Comme conséquence, l'outil se déjettera ou se fendra. Si les outils à tremper sont de petite taille, la chaleur leur sera très rapidement soutirée par le bain de trempe; le refroidissement irrégulier pendant l'immersion et durant l'agitation ne donnera que rarement lieu à des déformations ou à des ruptures.

Lorsqu'il s'agit de tremper des pièces particulièrement lourdes et épaisses, ou d'autres qui, en raison de leur forme, sont plus sujettes à se voiler, on évitera de les déplacer dans le bain de trempe, et on les fera lécher par le liquide; autrement dit, on n'agite pas l'outil, mais le bain de trempe lui-même.

Le mouvement du liquide de trempe sera simple ou composé, selon que, sous l'influence de ce mouvement, le liquide agira d'un seul, ou de plusieurs côtés simultanément sur l'outil.

Avant de continuer nos observations sur la trempe proprement dite, il est utile d'appeler l'attention sur une circonstance très importante et qui se rencontre souvent.

Il arrive qu'après avoir chauffé un outil avec toutes les précautions possibles on l'expose, avant de le tremper, à un refroidissement irrégulier, de sorte qu'il se trouve présenter, au moment même de la trempe, une température non uniforme. On néglige généralement de faire attention à cette circonstance, et l'on est conduit ensuite à attribuer l'insuccès final à de tout autres causes.

Pour provoquer le refroidissement irrégulier d'un outil, immédiatement avant la trempe, il suffit souvent d'un fort courant d'air ; aussi doit-on, autant que possible, disposer les chaufferies à l'abri des courants d'air.

Quand on tire du feu ou du four l'outil à l'incandescence, il arrive fréquemment que, pour mieux le saisir à la pince, on le place sur une plaque de fer froide, ou même sur un support humide ; c'est dans le refroidissement inégal qui se produit à ce moment qu'il faut chercher souvent la cause des fissures qui prendront naissance lors de la trempe.

Le fait de saisir l'outil, porté à l'incandescence, avec des tenailles froides ou même mouillées par suite de leur immersion dans l'eau au cours d'une opération précédente, donne presque toujours lieu à la formation de tappures. Le danger est d'autant plus grand que l'outil est plus mince et partant plus sensible aux variations de température, parce que le refroidissement se propage plus rapidement dans toute la section. Aussi la meilleure solution est-elle dans ce cas de saisir l'outil au bout des tenailles et de les réchauffer

ensemble, l'un tenant l'autre. Si l'on ne peut procéder ainsi,
on chauffera les mâchoires de la tenaille avant de leur faire
saisir l'outil porté à l'incandescence. Les fentes après trempe,
auxquelles donne naissance l'action des tenailles, se présentent sous une forme très
régulière. Elles suivent le sens
de la longueur de l'outil, parfois aussi elles reviennent en
courbe vers leur point de dé-
part. Le croquis (*fig.* 38) repré-
sente un taraud affecté d'une tappure de ce genre, indiquée
en pointillé.

Fig. 38.

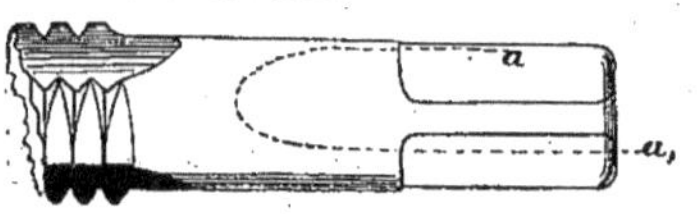

a a, *Härteriss*

Lorsque, pour tremper un outil, on le saisit avec des
tenailles et qu'on le plonge avec celles-ci dans le bain de
trempe, on devra veiller à ce que les mâchoires des tenailles
aient le moins possible de points de contact avec l'objet
saisi, car les portions de l'outil recouvertes par les mâchoires
de la tenaille ne refroidiront pas assez rapidement; il y
aura donc trempe irrégulière, et des fentes, prenant leur
origine aux points de contact entre l'outil et la tenaille,
pourront se produire.

On se servira, pour saisir les outils à tremper, de tenailles
dont les mâchoires se terminent en pointes ou en tranchants
aussi vifs que possible. Pour saisir des outils perforés on
fera usage de crochets passés dans l'ouverture.

La figure 39 représente un outil à tourner les cylindres, et
la figure 40 une fraise, saisis à l'aide de pinces bien appropriées; la figure 41 nous montre une fraise au bout d'un
crochet; par contre, la figure 42 représente une fraise sai-
sie par des tenailles qui ne conviennent pas à l'opération de
la trempe.

Dans certains cas on réalise la trempe locale d'outils
minces et plats soit en recouvrant, avant la trempe, de

plaques de recouvrement (rondelles en tôle) les portions qui ne doivent pas être trempées, soit en saisissant les outils au moyen de tenailles dont les mâchoires sont formées de manière à produire le recouvrement voulu. Toutefois, cette dernière méthode de pratiquer la trempe locale ne doit être

Fig. 39.   *Fig. 40.*   *Fig. 41.*   *Fig. 42.*

appliquée qu'à des aciers tout à fait doux et qui prennent une trempe plutôt superficielle; en effet ce procédé conduit souvent à la rupture ou à la déformation des outils.

Quand, après avoir chauffé des objets minces et plats, on en garnit certaines régions de plaques de recouvrement, puis qu'on les trempe, les contours des recouvrements forment des lignes de séparation nettes entre les parties complètement trempées et celles qui n'auront subi qu'un durcissement faible ou nul. Plus le recouvrement sera épais, plus la démarcation sera brusque. Pour créer une zone de transition plus large entre les régions trempées et les régions non trempées, on établira les recouvrements de façon à ce qu'ils aillent en s'amincissant vers les bords, et que ces derniers reposent moins solidement.

On devra préférer à la trempe partielle donnée au moyen de plaques de recouvrement tout autre procédé conduisant au même but, par exemple celui qui consiste à tremper l'objet en entier, puis à recuire les parties dont le métal doit rester doux.

Quand il s'agit d'outils épais, présentant des axes de symétrie, on emploie le procédé de trempe avec recouvrement de certaines régions de l'outil à tremper, afin de répartir et ne point laisser converger vers un même centre les tensions qui prennent naissance à la trempe. Ce procédé sert aussi à donner à la zone de plus grande dureté, engendrée par la trempe, une étendue aussi faible que possible.

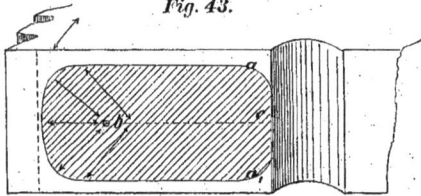

Fig. 43.

La figure 43 représente la moitié d'une fraise qui a été trempée sans plaque de recouvrement. La zone extérieure, qui a pris toute la dureté dont le métal était susceptible, est représentée sur le croquis par la portion non couverte de hachures, et nettement délimitée par la ligne *aa*, sur laquelle le métal possédera sa résistance la

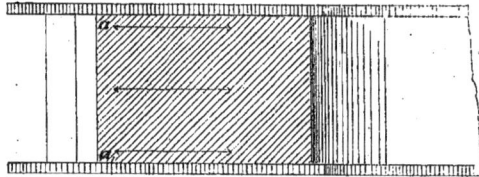

Fig. 44.

plus faible ; c'est suivant ce contour que se produira la séparation des dents lors de la trempe. Le point *b* et la ligne *c* sont le siège d'actions radiales agissant vers l'extérieur.

Si l'on recouvre cette même fraise, avant de la tremper, de deux rondelles de tôle appliquées sur ses faces et destinées à garantir la fraise contre un refroidissement trop rapide, la trempe produira des effets dont la figure 44 permet facilement de se rendre compte. La ligne *aa* indique la position du contour de faible résistance ; on voit qu'au lieu de converger les tensions se répartissent en restant parallèles les unes aux autres ; la rupture des dents ne pourra plus se produire aussi facilement[1].

Ce mode de garantir les pièces, pour être efficace, exige que les plaques de recouvrement *débordent* les surfaces sur lesquelles elles s'appliquent ; au cas contraire, l'effet produit

Fig. 45.

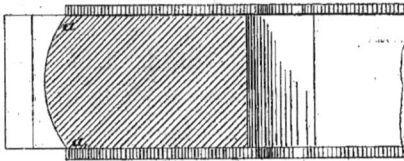

serait exactement opposé à celui qu'on se proposait d'obtenir, car on créerait, du fait même du recouvrement, une ligne de séparation tranchée entre les parties trempées et les parties non trempées de l'outil.

La possibilité d'appliquer ce procédé est naturellement fort restreinte et dépend tant de la forme de l'outil que de l'étendue de la surface à tremper.

Il est employé plus fréquemment, lors de la trempe de cylindres en acier très dur, pour amoindrir les dangers de rupture ; on s'en sert aussi pour tremper certains organes de

1. En dehors des tensions qui se manifestent dans les sections de la pièce, l'enveloppe extérieure est soumise à des efforts de tension considérables, qui proviennent de la contraction de l'écorce extérieure pendant la trempe et de la pression qu'exercent sur cette écorce dure les couches internes qui ont reçu une trempe plus faible.

machines, qui doivent opposer, en certaines parties de leur surface, une résistance particulière à l'usure.

Les outils qui, en raison de leur forme et de leurs dimensions, doivent pour la trempe être chauffés en entier, doivent toujours être trempés dans des bains maintenus en mouvement, de telle sorte que la face à tremper soit exposée à l'action d'un courant continu du liquide de trempe.

A cet effet, le mode de procéder le plus simple consiste à tremper dans l'eau courante l'outil porté à l'incandescence; mais l'action n'est uniforme ici que sur les côtés et l'opération ainsi conduite exige généralement l'immersion complète de l'outil incandescent; d'où refroidissement et, par suite, durcissement, même des parties que l'on n'avait pas l'intention de tremper.

L'eau s'écoulant horizontalement dans des rigoles, canaux, etc., n'offre pas, au point de vue de la trempe, d'avantages sensibles, si ce n'est celui de maintenir à température relativement constante le liquide de trempe, constamment renouvelée. — Cette température n'est d'ailleurs pas constante d'une manière absolue; dans le cas d'une eau courante naturelle elle dépend de la saison.

Fig. 46.

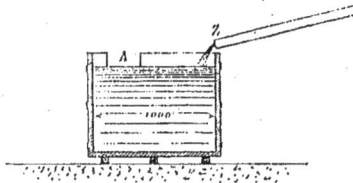

Pour tremper à l'eau courante, on fera couler l'eau dans un récipient dont on réglera l'admission de façon à maintenir la température du bain de trempe constante, même si les opérations de la trempe se succédaient sans discontinuer. La figure 46 indique le dispositif à adopter : l'eau arrive par Z; en A une entaille pratiquée dans la cuve qui sert de bac à tremper fait office de trop-plein.

L'emploi de l'eau *tombant* librement présente des avantages particuliers pour la trempe des outils; ce moyen permet, en effet, de n'exposer à l'action refroidissante du liquide que les parties de l'outil incandescent qui doivent recevoir la trempe. La façon d'opérer pour tremper au moyen de l'eau tombant librement, ou sous un filet d'eau, est très simple; il suffit de laisser exposée, jusqu'à complet refroidissement, à l'action du filet d'eau la face à tremper de l'outil. Les précautions à prendre se bornent ici simplement à veiller à ce que toutes les parties de la surface à tremper soient atteintes bien uniformément par le jet.

Si le filet d'eau ne suffit point à couvrir toute la surface à

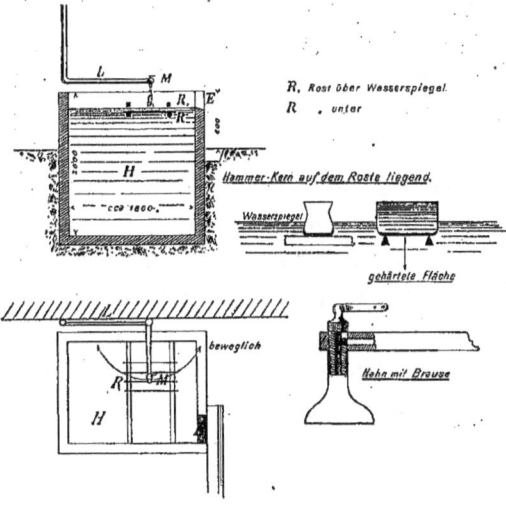

Fig. 47.

tremper, on pourra, par mesure de compensation, promener cette surface sous le filet d'eau; mais cette façon d'opérer n'écarte point complètement le danger d'aboutir à une trempe défectueuse.

Pour tremper sous un filet d'eau, le dispositif représenté par la figure 47 conviendra, à condition que l'on dispose d'une quantité d'eau suffisante. Une conduite L amènera l'eau dans une cuve H en fonte, bois ou maçonnerie. Un trop-plein E règle le niveau de l'eau dans la cuve et sert à évacuer l'eau en excès.

La conduite L possède un robinet au bout duquel, au moyen d'un filetage, on peut visser une pomme d'arrosoir. (Voir le croquis annexé à la figure 47.) On fera usage de cette pomme quand on voudra répartir sur une surface plus grande l'eau qui s'échappe de M. Pour pouvoir se servir de la pomme, il faut naturellement que l'eau s'échappe sous une certaine charge. L'outil auquel on se propose de donner une trempe locale sera placé sur une grille R disposée au-dessous du robinet M; on ouvre le robinet, et on n'arrêtera l'écoulement de l'eau qu'au moment où l'outil sera complètement refroidi.

Souvent, et particulièrement quand il s'agit de tremper sous un filet d'eau de l'acier très dur, il faut équilibrer dans une certaine mesure les tensions qui prennent naissance au moment de la trempe. A cet effet, on ne laissera pas refroidir complètement l'outil sous le jet d'eau; on interrompra la trempe au moment opportun, et l'on posera l'outil sur une grille située un peu au-dessous du niveau de l'eau, en le retournant de façon que la face trempée regarde le fond de la cuve. On laissera l'outil dans cette position jusqu'à refroidissement complet. L'eau qui se renouvelle constamment sur les côtés de l'outil empêche le recuit de la surface trempée. (Voir le croquis annexé à la figure 47.) Le robinet M doit pouvoir amener le filet d'eau dans l'axe de la cuve à tremper; pour le rendre moins gênant, on le fixe sur un bras mobile articulé avec la conduite, de façon à pouvoir le rabattre sur le côté quand on n'aura pas à s'en servir. Si l'on ne dispose ni d'une conduite d'eau, ni d'une source d'eau quelconque, on pourra faire usage de la disposition représentée par la figure 48.

Cette disposition ne sera d'ailleurs à adopter que pour des
opérations qui ne se répètent pas
couramment, ou encore lorsque,
ne disposant pas d'eau sous pression, on tient à pratiquer la trempe
au moyen d'un jet d'eau ascendant. Le dispositif très simple
que représente la figure 48 se
compose de deux cuves superposées H, H. Un tuyau R, partant du réservoir supérieur amène
l'eau au robinet M, puis se prolonge jusqu'au fond de la cuve H,
pour remonter ensuite verticalement et permettre ainsi de lancer dans la cuve un jet d'eau ascendant.

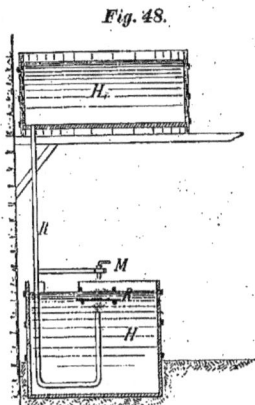

Fig. 48.

Si l'on veut tremper sous un filet d'eau et qu'on ne dispose ni d'une conduite ni d'aucun autre appareil permettant de produire ce filet d'eau, un simple entonnoir, maintenu plein en le remplissant à la main, pourra suffire ; mais il sera plus commode de se servir d'un siphon qu'il sera facile de constituer par un morceau de tuyau recourbé convenablement. On remplira ce siphon pour l'amorcer, et on le mettra dans la position qu'indique la figure 49. L'eau qui ne s'écoule du siphon que sous faible charge ne peut servir qu'à la trempe de surfaces de petites dimensions (bouterolles, frappes de mar-teaux, etc.).

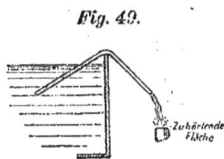

Fig. 49.

On se sert, pour tremper, de *jets d'eau ascendants* pour les mêmes raisons que celles qui font adopter les filets d'eau retombants ; on leur donne même la préférence toutes les fois que la forme des outils et celle des surfaces à tremper en permettront l'usage.

On emploiera *simultanément* des filets d'eau descendants et des jets d'eau ascendants quand on voudra tremper des outils dont deux faces opposées doivent recevoir par la trempe un durcissement égal et que les faces à tremper se trouvent trop rapprochées l'une de l'autre pour que l'on puisse en chauffer une séparément sans que la chaleur se communique à l'autre (pivots, petits marteaux et masses). La trempe à l'aide d'un filet d'eau tombant sur l'outil peut se pratiquer, quelle que soit la forme de la surface à tremper ; ce procédé s'impose même parfois à l'exclusion de tout autre. Au contraire, la trempe au jet d'eau ascendant ne peut être employée que si la surface à tremper s'y prête.

Si la surface à tremper est plane, si elle présente des renflements, ou si elle est bombée, on pourra pratiquer la trempe soit sous un filet d'eau, soit au jet d'eau ascendant ; c'est ce dernier procédé qu'on adopte de préférence comme donnant une trempe plus homogène. Si la surface à tremper présente des creux, ou si elle est concave, la trempe sous un filet d'eau pourra seule entrer en considération. En effet, si l'on employait dans ce cas un jet d'eau ascendant, la vapeur d'eau qui prendrait naissance dans les cavités ne pourrait pas s'échapper immédiatement, et, se reformant au fur et à mesure, elle s'opposerait à tout contact entre le métal et le liquide. Dans ces conditions, la trempe serait nulle, et les cavités à tremper ne prendraient aucun durcissement.

La figure 50 indique une disposition pour tremper au jet d'eau ascendant.

Le tuyau d'alimentation R se trouve dans la cuve a tremper H et projette l'eau de bas en haut; ce tuyau débouche
au-dessous de la surface libre du liquide, et l'eau dans son
mouvement ascendant entraîne le li-
quide environnant à l'encontre de
la surface à tremper. Pour supporter
l'objet à tremper, on a disposé au-
dessous de la surface du bain une
grille R (*fig.* 50). Si l'on craint qu'aux
points où l'outil repose sur les barreaux de la grille la trempe soit défectueuse et qu'en raison de ce fait on
ne veuille laisser l'outil reposer sur la

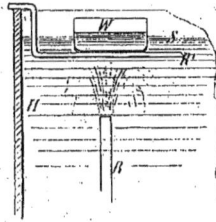

Fig. 50.

grille, on le saisira à l'aide de tenailles Z et on le maintiendra suspendu librement, comme l'indique la figure 51.
L'outil à tremper restera exposé à l'action du jet d'eau jusqu'à complet refroidissement; on ne
le laissera plonger dans le liquide
que de la quantité exactement nécessaire à la formation d'une couche
dure d'épaisseur suffisante. La
trempe sera d'autant plus vive que
l'eau jaillira avec plus de vigueur.

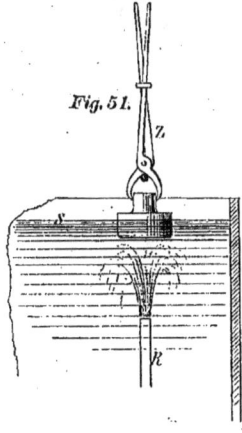

Fig. 51.

Pour traiter des outils dont l'écorce
entière doit être trempée et dont les
dimensions sont trop grandes pour
qu'il soit possible de les promener
dans le bain de trempe, pour obtenir
une trempe uniforme, il faudra employer les dispositifs spéciaux, ayant
pour objet d'amener de tous les côtés,
bien uniformément, le liquide de trempe au contact de l'outil
à tremper; ce cas se présente pour les cylindres de laminoirs.

On trouvera, aux numéros 31 et 32 du *Supplément*, un exposé succinct des dispositions à adopter pour la trempe des boulets et des cylindres.

Pour la trempe au jet liquide, on peut se servir, ainsi que cela se pratique dans certaines usines, non plus d'eau pure, mais *d'eau contenant en dissolution des sels ou des acides.* On fera usage, dans ce cas, d'une cuve de capacité suffisante pour pouvoir y tremper un nombre considérable d'outils sans que la température du bain augmente sensiblement. Dans ces conditions, il est vrai, on devra disposer d'un système de petites pompes actionnées à la main, si les opérations de trempe sont peu fréquentes, ou par un moteur si l'appareil de trempe doit fonctionner en grand. Ces pompes ont, d'ailleurs, l'avantage de ramener toujours à la surface libre du bain les couches de liquide les plus fraîches et de compenser ainsi, légèrement, les différences de température dans l'étendue du liquide. Pour tremper des corps creux sur leurs faces intérieures et extérieures, il faut avoir recours à des dispositifs spéciaux, permettant au refroidissement de se poursuivre régulièrement sans que les dégagements de vapeur puissent donner lieu à une trempe non uniforme.

Les premiers appareils de ce genre ont été construits par Lorentz à Karlsruhe et sont d'un emploi très répandu.

Pour tremper à l'intérieur des outils complètement perforés, on lancera à travers leur cavité un courant d'eau énergique ; si la surface extérieure des outils doit être également trempée, on l'arrosera au moyen d'un jet d'eau, de manière à produire simultanément le refroidissement à l'intérieur et à l'extérieur.

La figure 52 indique la façon de procéder pour tremper l'intérieur d'un tube.

La figure 53 montre une disposition permettant de

donner simultanément la trempe à l'intérieur et à l'extérieur ; il faut ici de petites installations mécaniques.

Le corps creux H est placé entre deux
tubes a et b (*fig.* 52) ; le tube b est mobile
sur le tuyau c, de façon à permettre de
serrer fortement entre a et b la pièce H.

Fig. 52.

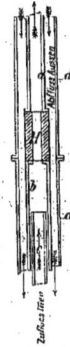

Fig. 53.

En ouvrant un robinet, on livre passage à l'eau de trempe, qui doit arriver
sous forte charge et qui, en circulant
dans le système ainsi formé, trempera
les parois internes du corps creux.

La figure 53 représente le corps creux
entouré également d'un tube d mobile.
L'eau circulera à travers les tubes b, c
et d, et trempera sur son passage les
parois internes et externes du corps
creux. Le refroidissement de la surface extérieure peut d'ail-

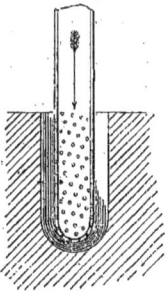

Fig. 54.

leurs être obtenu directement par arro-
sage ; dans ce cas, on supprimera le tube-
enveloppe d.

Les corps creux non complètement perforés sont d'autant plus difficiles à tremper
à l'intérieur que les cavités qu'ils présentent sont plus profondes et leurs ouvertures
plus étroites.

Dans ce cas on pratiquera la trempe en
faisant agir sur les parois de la cavité un
jet d'eau aussi intense que possible. Si la
largeur de l'orifice permet d'introduire
dans la cavité un tuyau fermé, percé à son extrémité d'un
grand nombre de petits trous, il sera facile, avec de l'eau
sous forte pression, de réaliser une trempe bien uniforme
(*fig.* 54).

DES LIQUIDES EMPLOYÉS A LA TREMPE DE L'ACIER

I. — EAU NATURELLE

Dans la plupart des cas, on se sert, pour tremper l'acier porté à l'incandescence, d'*eau naturelle*. Plus cette eau sera froide, plus la trempe sera vive, et plus elle sera chaude, moindre sera le durcissement produit.

La température la plus favorable de l'eau pour la trempe est comprise entre 16 et 22° C. Un bain plus froid n'augmentera pas notablement la dureté de l'acier, mais amoindrira la ténacité du métal et le rendra très fragile.

On peut admettre, comme règle à observer relativement à la température de l'eau pour la trempe, que l'eau devra être d'autant plus froide que les outils à tremper sont plus épais. Pour de gros outils on ne dépassera pas 18° C.; de petits outils, particulièrement s'ils sont minces, prendront une trempe encore largement suffisante dans de l'eau à 30 à 35° C.

La température de l'eau pour la trempe sera donc à déterminer d'après la forme et les dimensions des outils à tremper et d'après le degré de durcissement que l'on se propose d'atteindre.

L'eau *chimiquement pure*, exempte de toute matière étrangère, n'existe pas dans la nature; bien plus, l'eau naturelle est de composition chimique très variable, et contient soit des substances minérales insolubles, finement diluées, soit des sels et des acides à l'état soluble.

Un grand nombre de sels et d'acides possèdent la pro-

priété d'augmenter la *conductibilité* de l'eau et de provoquer, par conséquent, une trempe plus vive; les matières
terreuses au contraire et les substances minérales produisent
l'effet contraire. Aussi l'eau pure, de source ou de puits, qui
généralement tient en dissolution des acides ou des sels
carbonatés, trempe-t-elle plus vivement que l'eau de rivière
(particulièrement quand elle est trouble), ou que de l'eau
chargée de chaux.

Pour *adoucir* l'eau de source ou de puits, trempant trop
vivement, on y dissout un peu de *soude* ou de *potasse ;* pour
communiquer à de l'eau de rivière trempant trop faiblement
des propriétés de trempe plus énergiques, on l'additionne de
faibles quantités d'acides (*acide chlorhydrique, acide sulfurique, vinaigre*, etc.). Les opérateurs expérimentés savent
apprécier les bonnes qualités d'un bain de trempe qui a
été en service pendant un certain temps et n'aiment pas
volontiers le renouveler ; en effet ce bain s'améliore par
l'usage, c'est-à-dire qu'il acquiert la propriété de donner
aux outils une trempe tenace, bien appropriée. La raison en
est que, les matières étrangères finement diluées, mais non
dissoutes, se séparent petit à petit et se déposent sur le
fond, tandis que certaines substances solubles sont élimi-
nées peu à peu sous l'action de l'acier porté à l'incandescence ; cette élimination résulte soit d'une évaporation, soit
d'une transformation en éléments insolubles qui viennent en
partie se déposer sur la surface même de l'acier. Un bain de
trempe qui a servi pendant un temps suffisamment long
atteint donc finalement un état dans lequel l'action des
impuretés accidentelles reste sans effet. A partir de ce
moment, la trempe pratiquée dans ce bain donnera des résultats constamment uniformes.

Si l'on veut amener rapidement, dès le début, le bain à
cet état de *stabilité*, il suffira de le faire bouillir avant de

s'en servir, puis de le laisser refroidir lentement; on arrivera au même résultat en le *stérilisant* par l'immersion d'une certaine quantité de pièces de fer portées à l'incandescence.

II. — TREMPE A L'EAU CHARGÉE DE SUBSTANCES SOLUBLES

On vient de voir que les matières solubles ont une influence considérable sur les effets de l'eau de trempe; elles communiquent à l'eau la propriété de tremper plus énergiquement, lorsque leur présence augmente la conductibilité calorifique du bain, et la propriété inverse, lorsque leur action se traduit par un affaiblissement de cette conductibilité ou par un abaissement sensible de la température d'ébullition du liquide.

La substance soluble la plus couramment employée dans le but d'augmenter la conductibilité du bain de trempe est le *sel marin;* la proportion dans laquelle on le fait intervenir est variable; pourtant, en général, on se sert de solutions saturées. Les solutions saturées de sel marin se recommandent dans tous les cas où l'on se propose de tremper en grand nombre, ou par séries successives, des outils de formes compliquées et devant être amenés à un degré de durcissement considérable. Lorsqu'on emploiera ce genre de bain de trempe, il faudra pouvoir disposer d'une quantité de liquide telle qu'une élévation sensible de la température du bain, au cours des opérations de trempe se suivant rapidement, ne soit pas à craindre. On choisira, par conséquent, des récipients aussi grands que les circonstances le permettront, et on donnera, à volume égal, la préférence à ceux qui seront moins profonds mais de diamètre plus large.

Les dissolutions de *soude* (carbonate de soude) ou de *sel ammoniac* n'agissent point d'une façon aussi énergique que les dissolutions de sel marin et sont employées plus rarement. Elles peuvent cependant rendre d'excellents services comme bains de trempe, et sont même d'un emploi fort avantageux quand il s'agit de tremper des outils dont les formes compliquées font craindre la séparation de certaines parties proéminentes (fraises de forme compliquée).

Les *acides* rendent tout particulièrement vive l'action de l'eau de trempe et agissent en ce sens beaucoup plus énergiquement que le sel marin. On les ajoute à l'eau en proportion allant jusqu'à 2 %; parfois on combine leurs effets à ceux des sels. Les *acides organiques*, acide acétique, citrique, ont une action moins vive que les *acides minéraux* (acides chlorhydrique, azotique, sulfurique.)

On se sert d'*eau acidulée* quand on veut communiquer aux outils la trempe *la plus vive* qu'ils soient susceptibles d'acquérir (outils tranchants à travailler des matières particulièrement dures); ou encore pour durcir suffisamment des aciers peu sensibles à la trempe.

L'*alcool* abaisse le point d'ébullition de l'eau et en provoque l'évaporation tellement rapide, au contact de l'outil incandescent, que la trempe en subit un retard considérable, lequel dépend d'ailleurs des proportions dans lesquelles a été fait le mélange. De l'eau contenant beaucoup d'alcool ne trempe pas du tout.

Savon. — L'eau de savon ne trempe pas. On utilise cette propriété pour refroidir rapidement de l'acier sans lui faire prendre la trempe. Lorsqu'on veut ramener à l'état naturel certaines régions de pièces qui ont été trempées complètement, on les chauffe au rouge, puis on les refroidit dans de l'eau de savon (queues de limes, de couteaux, de scies et de sabres, etc.).

Les *substances organiques* solubles dans l'eau ont la propriété de retarder la trempe et, par conséquent, d'adoucir l'action de l'eau pure. Ces corps n'interviennent que fort rarement dans la pratique (lait, bière aigre, etc.).

III. — TREMPE A L'EAU CHARGÉE DE MATIÈRES INSOLUBLES

L'eau chargée de matières insolubles est employée pour tremper des outils de forme particulièrement compliquée et qui risquent de se fendre à la trempe. Pour composer le bain de trempe, on se sert généralement de *chaux*, sous forme de *lait de chaux;* plus rarement on emploie l'*argile* ou la *glaise*. Selon les proportions plus ou moins fortes dans lesquelles on fait intervenir ces matières, l'action du bain sera plus ou moins ralentie. Ces corps bien délayés et finement dilués viennent se déposer sur la pièce à tremper, au moment de son immersion dans le bain de trempe; ils constituent une gaîne mince qui s'oppose au contact direct entre le métal et l'eau de trempe. Il en résulte un refroidissement plus lent, qui donne lieu à une trempe moins vive.

IV. — TREMPE A L'EAU CHARGÉE D'HUILE OU DE CORPS GRAS

L'*huile* et les *corps gras* communiquent à l'acier une trempe beaucoup plus faible que l'eau pure. La dureté acquise par la pièce trempée sera d'autant moindre que cette pièce présentera des sections plus épaisses et que l'huile ou les corps gras employés seront plus visqueux.

Si l'on veut donner aux outils une trempe plus vive que ne sauraient la produire l'huile ou les corps gras seuls, on emploiera de l'eau *recouverte* d'une couche d'huile ou de graisse ; l'outil, pour pénétrer dans l'eau, devra traverser cette couche. Il en résultera, au début, un refroidissement moins rapide que dans l'eau pure ; de plus, l'outil se recouvrira d'une gaine de graisse que la chaleur aura rendu pâteuse, et qui retardera l'action de l'eau dans laquelle pénètre l'outil après avoir traversé la couche supérieure. La trempe sera d'autant moins vive que cette couche sera plus épaisse et que l'outil la traversera plus lentement. Une grande pratique et beaucoup d'habileté sont nécessaires pour tremper avec un succès régulier, à l'eau recouverte d'huile ou de graisse, des outils tranchants devant posséder un taillant assez résistant pour travailler des matières dures. Quand les outils doivent recevoir une trempe complète, il est préférable d'employer du lait de chaux, ou de procéder ainsi qu'il a été dit page 70. Par contre, l'emploi de l'eau recouverte d'une couche d'huile, sera avantageux pour tremper des outils qui doivent posséder une dureté tenace (fraises compliquées pour bois, cisailles circulaires, etc.).

V. — HUILES ET GRAISSES

Les *huiles* et les *graisses*, ainsi que nous l'avons dit plus haut, trempent moins énergiquement que l'eau ; leur action dépend de leur consistance. Ces corps donnent naissance à une trempe douce et très tenace.

On trempe à l'huile ou à la graisse des outils minces, exposés à se fendre à la trempe, et que l'on ne cherche pas à amener au degré de durcissement le plus élevé possible. Parmi les huiles, c'est le *pétrole* qui donne la trempe la plus vive ; puis vient la *glycérine*, dont les propriétés comme agent de trempe ne sont point encore assez appréciées ; ensuite les *huiles minérales fluides*, et enfin les *huiles végétales visqueuses* (par exemple l'huile de lin).

Parmi les graisses, le *suif fondu* et l'*huile de poisson* sont employés le plus fréquemment ; le suif fondu donne une trempe un peu plus vive que les huiles. Lorsqu'on fait usage, comme bain de trempe, d'huiles ou de graisses, on ne doit pas perdre de vue que les quantités de ces substances à employer doivent être assez considérables pour permettre de promener vigoureusement les outils dans le bain, et pour que l'élévation de température, résultant de l'immersion des pièces incandescentes, soit insignifiante.

Dans la pratique, les quantités d'huile ou de graisse employées sont généralement *trop faibles ;* beaucoup de mauvais résultats n'ont pas d'autres causes, bien qu'on ait toujours la tendance à imputer les insuccès à la mauvaise qualité des huiles ou de la graisse employées.

VI. — Métaux

Parmi tous les liquides de trempe, le *mercure* offre la plus grande conductibilité à la chaleur et donne la trempe la plus vive. On ne l'utilise que rarement, et uniquement pour tremper des outils de très petites dimensions. Le mercure s'échauffe rapidement, atteint une température élevée et se volatilise facilement. La consommation de ce métal, si on l'employait comme agent de trempe pour des outils de dimensions plus grandes, serait considérable. Vu son prix élevé et les pertes par volatilisation, les dépenses qu'occasionnerait l'emploi du mercure ne sont pas en rapport avec les avantages qu'il serait possible d'en tirer.

Les vapeurs qui se dégagent pendant l'opération de la trempe au mercure ont les mêmes propriétés délétères que ce métal lui-même.

L'*étain*, le *zinc*, le *plomb* et leurs alliages peuvent, à l'état fondu, servir également de bains de refroidissement. Leur point de fusion est trop élevé pour qu'ils puissent, au même degré que les moyens de refroidissement énumérés précédemment, communiquer la trempe proprement dite. L'acier trempé dans un bain de métaux fondus subit des modifications dans ses propriétés : sa résistance augmente notablement ; il acquiert une dureté telle qu'il ne se laisse plus travailler ou du moins très difficilement. Mais il ne prend presque pas de mordant ; son élasticité et sa flexibilité, par contre, augmentent également. La dureté de l'acier augmente quand, après l'avoir trempé pendant un court espace de temps (un quart à deux minutes, selon la section de l'outil), dans le bain métallique, on le retire pour le plonger dans de l'eau dans laquelle on le fait refroidir brusquement.

Ce procédé s'applique à la trempe des *ressorts* et des outils qui doivent servir à travailler des matières tendres et auxquels on veut communiquer, en même temps que le mordant nécessaire, une dureté tenace, sans plus avoir besoin de les adoucir après la trempe ; ce cas se présente dans certaines fabrications en gros. Le même procédé sert à donner à des organes de machines des propriétés particulières qui leur permettent de supporter des efforts considérables et d'offrir une grande résistance à l'usure.

Il est important, lorsqu'on se sert de métaux fondus, que la température de ces bains puisse être maintenue constante ; il faut donc pouvoir disposer de bains suffisamment volumineux ; il faut, en outre, posséder des appareils de chauffage bien étudiés et observer la température au moyen

d'un pyromètre. Etudier de plus près ces dispositions, en
particulier en ce qui concerne la fabrication en gros, nous
conduirait trop loin.

VII. — REFROIDISSEMENT PAR LES CORPS GAZEUX

Un *courant d'air* froid et vif peut donner la trempe à des
outils de petite section. L'air ou les gaz sont employés très
rarement comme agents de trempe. Les résultats qu'on peut
en obtenir pratiquement ne sauraient d'ailleurs être que
fort incertains. Ils ne sont pas employés, en général, pour
la trempe des outils.

VIII. — REFROIDISSEMENT PAR LES CORPS SOLIDES

Les corps solides qui peuvent être maintenus en état de
bonne conductibilité calorifique sont susceptibles d'une
application pratique pour la trempe des outils très minces.
On peut tremper des outils très minces *entre deux morceaux de bois bien imprégnés d'eau;* mais ce procédé est
rarement employé. On a recours plus souvent, en particulier pour tremper des scies, à la trempe entre deux
plaques en fer refroidies continuellement par un courant
d'eau. On désigne ce procédé sous le nom de « trempe
sous presse ». Il convient à la trempe continue des rubans
d'acier; il est employé dans la fabrication en gros, pour
tremper des outils minces que l'on ne veut plus recuire
après coup, et auxquels on veut communiquer directement
la dureté tenace qu'ils doivent posséder au moment d'être
employés.

Le *sable humide* et l'*argile* peuvent également servir à.

donner la trempe ; mais cette trempe n'est que bien rarement uniforme.

On peut naturellement employer les différents liquides
de trempe dont nous venons de parler, en combinant leurs
effets à volonté, c'est-à-dire en commençant le refroidissement dans l'un d'entre eux pour le continuer dans un autre,
ou plus rarement successivement dans deux autres dont les
effets sont différents.

Dans ce cas, la façon la plus usuelle de procéder consiste
à tremper à l'eau jusqu'à extinction de toute incandescence ;
puis à terminer le refroidissement dans l'huile ou dans l'eau
chaude.

Des essais répétés et concluants ont été exécutés à Bismarkhütte dans le but d'établir quels sont, au point de vue
de la résistance des tranchants, les effets sur l'acier à outils
de bains de trempe de différentes espèces. Les résultats
obtenus ont été les suivants :

ACIER A 1 $^0/_0$ DE CARBONE

	RENDEMENT DE L'OUTIL
Trempe à l'huile...........................	100
— au suif...........................	108
— à l'eau pure à 18° C..................	133
— à l'eau additionnée de 1 $^0/_0$ d'acide sul-	
furique.................................	140

Ces chiffres permettent de se rendre compte de l'efficacité
des différents bains de trempe.

DU RECUIT DES PIÈCES TREMPÉES
ET DES APPAREILS EMPLOYÉS A CET EFFET

Nous avons donné, page 19, et résumé dans le tableau n° II, les renseignements essentiels concernant le recuit.

On peut opérer le recuit de trois façons différentes :

1° *On ne refroidira pas complètement l'outil trempé.* La chaleur concentrée dans le corps de l'outil ou dans une portion de ce dernier réagira sur la partie trempée et en effectuera le recuit ;

2° *On trempe jusqu'à refroidissement complet*, et on opère le recuit par réchauffage au moyen d'une source de chaleur extérieure ;

3° *On effectue le recuit par la chaleur interne*, et on active la propagation de la chaleur par des moyens extérieurs.

Le recuit par la chaleur interne est employé pour tous les outils qui ne reçoivent qu'une trempe locale ; on laissera se propager vers la partie trempée la chaleur accumulée dans le noyau central ou dans la portion de l'outil qui fait suite à celle qui a reçu la trempe. On opère ainsi pour les outils de tours, burins, tranches, bouterolles, forets, outils à travailler la pierre, étampes, fraises, marteaux, etc.

Pour pouvoir juger de la propagation de la chaleur d'après les couleurs de recuit, il faut que l'outil trempé ait été préalablement bien nettoyé. Si on constate que les couleurs avancent vers la partie trempée d'une façon irrégulière, on y remédiera en plongeant vivement dans l'eau les parties trop rapidement atteintes,

Dès que l'on apercevra sur l'outil la couleur de recuit à laquelle on veut s'arrêter, on le refroidira petit à petit en le plongeant, à plusieurs reprises, rapidement dans l'eau.

Pour rendre *particulièrement tenace* un outil qui doit travailler au choc et recevoir des coups, on peut le faire revenir *plusieurs fois de suite*. On effacera les couleurs dues au premier recuit et on les fera réapparaître une seconde fois.

Ce procédé se recommande expressément pour tous les outils dont on exige une très grande résistance au choc et aux coups; principalement lorsque l'acier qui a servi à les fabriquer est dur, et que ces outils sont exposés à des chocs rebondissants. C'est ce qui arrive pour les burins et les tranches dont on se sert pour entailler des rails et des poutrelles, et qui, au cours de ce travail, sont soumis à l'action énergique de marteaux pesants; d'autres outils encore, les bouterolles et certains outils en usage dans les ateliers de construction, sont dans le même cas. Lorsqu'en donnant la trempe partielle à des outils tranchants le refroidissement, et par suite la trempe, se sont propagés trop loin en arrière du taillant, les outils perdent de leur ténacité et sont sujets à casser facilement, même après recuit; la rupture se produira d'autant plus sûrement que les outils en question devront travailler à plus forte compression (outils de tours), ou qu'ils seront soumis à des chocs ou à des efforts de flexion plus violents (ciseaux, fleurets, etc.).

Si, au contraire, la trempe ne s'est pas propagée assez loin en arrière du taillant, le degré de dureté de l'outil sera généralement insuffisant, et l'on devra soumettre l'outil à une trempe nouvelle. Enfin des outils qui n'ont reçu par la trempe le degré de dureté nécessaire que sur le taillant même sont sujets à se fissurer quand ils travaillent au choc ou à la compression; les fissures prennent naissance normalement à la direction du taillant. La portion de l'outil qui se trouve immédiatement en arrière du taillant, et dont la section est généralement encore plus faible que celle du taillant lui-même, subit pendant le travail de l'outil un refoulement; le taillant trempé n'étant pas assez élastique pour pouvoir suivre la déformation, une rupture devient inévitable.

La figure 55 indique la position que prennent les fissures.

Fig. 55.

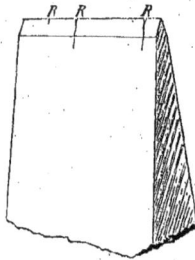

Le recuit par la chaleur interne ne s'emploie que fort rarement pour adoucir des outils qui ont reçu une trempe totale; cependant, lorsqu'on fait choix de ce procédé, on le pratique comme suit :

On ne fera refroidir l'outil que jusqu'à ce que l'écorce extérieure soit complètement froide, le noyau central conservant une quantité de chaleur suffisante pour pouvoir réagir sur l'enveloppe, quantité de chaleur qui, se propageant de l'intérieur vers l'extérieur, opérera le recuit de l'écorce extérieure primitivement trempée.

Au cours de cette opération, la chaleur interne, cheminant vers l'extérieur, n'atteindra point simultanément tous les points de l'écorce; le recuit manquera d'uniformité, et on ne pourra juger que très imparfaitement de son intensité d'après les couleurs de recuit, parce que le temps dont on dispose est trop court pour permettre de nettoyer l'outil trempé sur toutes ses faces.

En trempant des outils à l'eau, puis en les laissant refroidir dans un bain d'huile, le recuit par la chaleur interne s'opère spontanément avec beaucoup d'uniformité, car l'huile qui enveloppe de toutes parts l'outil modère l'action de la chaleur lorsque celle-ci tend à se propager plus rapidement vers certains points.

Remarquons pourtant que souvent la transmission de la chaleur ne se produit pas assez « vivement » pour augmenter à temps la ténacité de l'acier trempé, dans la zone de plus faible résistance (entre l'écorce dure et le noyau plus doux). Il peut se faire alors que l'écorce trempée se sépare complètement ou partiellement avant que le recuit n'ait pu produire ses effets, l'eau ayant refroidi l'outil trop profondément avant que celui-ci n'ait été plongé dans l'huile.

Cet inconvénient peut s'éviter *en combinant l'action du recuit par la chaleur interne, avec un réchauffage extérieur*, procédé que nous avons décrit page 70. Il sera possible alors de pousser le refroidissement assez loin pour n'avoir plus à craindre que l'outil ne se détrempe pendant le recuit et de garantir l'écorce extérieure contre le fendillement.

Les outils qui ont été traités de cette façon sont généralement mis en service avec toute la dureté que leur a communiqué ce procédé, et sans plus les soumettre à un nouveau recuit par réchauffage.

Il convient ici d'appeler l'attention sur une fausse manœuvre assez fréquente : les outils trempés et adoucis doivent jusqu'à refroidissement complet être baignés de toutes parts bien uniformément par le liquide refroidissant, quel qu'il soit (eau ou huile); on ne doit donc pas placer l'outil trempé sur le sol de la cuve qui contient le bain de refroidissement : on comprendra facilement que la portion d'un outil, qui se trouve en contact direct avec les parois de la cuve, s'adoucira plus que les autres parties de l'outil, qui sont baignées librement par le liquide. On devra donc *suspendre* les outils dans le bain.

Les outils de petite section que l'on ne peut pas adoucir pendant la trempe même seront traités autrement; on les trempera complètement, puis on les portera immédiatement après la trempe, soit dans de l'eau chaude, soit dans un bain de sable où ils se réchaufferont un peu ; on évitera ainsi la formation de fentes après la trempe.

On peut alors procéder au recuit des outils trempés ; ce recuit sera pratiqué soit sur un feu doux de charbon de bois, soit dans du sable brûlant, soit dans un bain de métaux fondus.

En ce qui concerne le recuit par une source de chaleur extérieure, il faut observer que les parties saillantes des pièces à traiter, les taillants et en général les régions présentant de faibles épaisseurs, sont exposées à prendre des températures trop élevées ; on risque, par conséquent, de les adoucir plus qu'on n'en avait primitivement l'intention ; aussi ne doit-on se servir, pour donner le recuit, que d'une source de chaleur dont la température ne dépasse pas celle à laquelle prend naissance la couleur de recuit à laquelle on veut s'arrêter.

Si les couleurs de recuit apparaissent irrégulièrement, on en conclura à un chauffage trop rapide ou manquant d'uniformité.

Il arrive souvent, pour des outils à taillants longs, que la couleur de recuit ne se propage pas uniformément (conséquence d'un chauffage non uniforme) ; il faudra, dans ce cas, asperger d'eau ou encore rafraîchir, avec un chiffon humide, les régions trop rapidement atteintes par la chaleur, jusqu'à ce que la progression des couleurs de recuit se fasse uniformément.

Pour donner à un outil long un recuit tel que l'une des extrémités de l'outil reste plus dure que l'autre, les degrés de dureté allant d'ailleurs en décroissant graduellement du bout le plus dur à celui que l'on veut adoucir le plus, on réchauffera très « lentement » ce dernier. Les couleurs de recuit apparaîtront alors bien espacées et chemineront, petit à petit, au fur et à mesure que la chaleur se propagera, vers l'autre bout de la pièce.

Le recuit des outils exige avant tout un chauffage aussi uniforme que le chauffage pour la trempe; mais le degré de température atteint se reconnaissant facilement à l'inspection des couleurs de recuit, cette opération demandera plus d'attention que d'habileté.

La durée du recuit est d'une grande influence sur la ténacité finale de l'acier; plus le recuit s'opérera lentement, plus la chaleur se propagera uniformément dans toute la section de l'outil et plus sera grande aussi la ténacité que lui communiquera cette opération.

Ainsi qu'il ressort du tableau II, la couleur jaune apparaît en chauffant rapidement, dès que l'outil a atteint la température de 228° C. Si on maintient l'outil pendant un certain temps à cette température, on verra apparaître successivement toutes les couleurs de recuit jusqu'au bleu foncé, sans que l'outil ait été porté à une température plus élevée. Plus la section de l'outil sera faible, plus les couleurs de recuit apparaîtront rapidement.

Un phénomène semblable se produit quand on laisse séjourner dans de l'eau bouillante, pendant un temps assez long, des outils trempés; leur ténacité augmente sensiblement et leur dureté diminue.

Ce phénomène acquiert une importance pratique lorsque l'on se propose de soumettre une pièce trempée à l'action adoucissante d'un bain métallique, car, pour un même bain, présentant toujours la même température, la pièce acquerra des degrés de ténacité et de dureté très différents selon le temps qu'elle aura séjourné dans le bain. Le bain métallique devra naturellement être muni d'un pyromètre, et l'on devra régler très exactement la durée de l'immersion. Ce procédé trouve des applications pratiques pour certaines fabrications

en gros, principalement pour le recuit de la partie postérieure des projectiles trempés, etc.

Dans la fabrication des ressorts, on donne parfois le
recuit au moyen d'un *flambage* à l'huile. On enduit d'huile
le ressort trempé, puis on le chauffe jusqu'à ce que l'huile
prenne feu. Ce mode d'opérer n'est employé que rarement
dans la fabrication en gros, parce qu'on lui préfère le
recuit au moufle chauffé au rouge tout à fait sombre,
procédé plus sûr, plus économique et présentant plus de
garanties comme uniformité.

Pour le recuit de petits outils qui doivent prendre une
trempe élastique, on peut employer l'huile qu'on peut
chauffer à 290° C. avant de la voir prendre feu.

Pour pratiquer cette opération, on chauffe l'huile dans un
récipient en fonte, dans lequel on aura préalablement disposé les outils à recuire. On pousse le chauffage jusqu'à
ce que l'huile commence à bouillonner. A ce moment on
recouvre vivement le récipient d'un couvercle en fonte,
fermant solidement, on le retire du feu et on le laisse refroidir lentement.

Ce procédé, en usage dans la fabrication en gros, donne
d'excellents résultats pour le recuit de petits outils, pour
peu qu'on ait pris des dispositions permettant de suivre
l'élévation de température de l'huile assez exactement pour
pouvoir pousser le chauffage jusqu'à une température voisine de la température d'inflammation de l'huile, mais sans
que jamais celle-ci soit dépassée ou même atteinte.

Nous allons décrire rapidement un appareil d'origine
française, représenté sur la figure 56, et qui répond aux
conditions posées ci-dessus :

Cet appareil se compose d'une cuve en fonte A, chauffée
au gaz (gaz de l'éclairage). Ce chauffage peut être interrompu
facilement. Dans le vase A s'emboîte une cuvette *a*, de

dimensions un peu moindres et qui plonge presque jusqu'au fond du vase A. Cette cuvette, perforée à la façon d'un crible, est destinée à recevoir les outils à recuire. Enfin un couvercle *d*, en deux segments, se fixe sur le vase A, au moyen de deux boulons. Un tuyau R qui tra-
verse l'un des segments du couvercle *d* fait com-
muniquer l'atmosphère du vase avec un réservoir rempli d'eau et qui servira à condenser les va-
peurs d'huile ou à évacuer l'huile elle-même si elle venait à déborder. Sur ce même segment du couvercle est fixé le pyro-
mètre P.

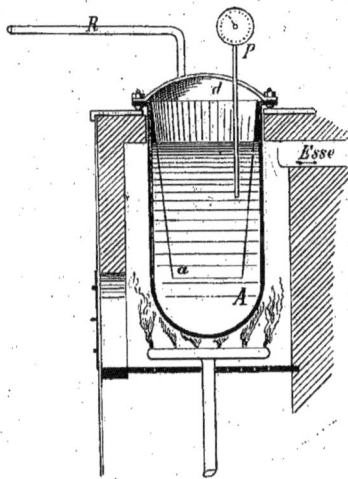

Fig. 56.

On chauffera l'huile à environ 260° C., et on la laissera à cette tempéra-
ture pendant un laps de temps parfaitement déterminé. On arrêtera ensuite le chauffage, et on laissera le vase refroidir lentement; on peut aussi retirer les outils et recharger le vase pour une nouvelle opération.

Les appareils employés au recuit des outils doivent être étudiés en vue de résoudre le plus parfaitement possible la question du chauffage uniforme.

Même lorsque les outils ne doivent être recuits que partiellement, il faut que la chaleur puisse pénétrer uniformément la région à recuire.

Le recuit peut être pratiqué à feu nu; on devra éviter

dans ce cas d'exposer les outils à l'incandescence vive ou à une flamme fuligineuse; s'il y a lieu, on préservera la pièce à recuire en interposant entre elle et le foyer une tôle protectrice.

On peut aussi faire revenir de petits outils, en les posant,

Fig. 57.

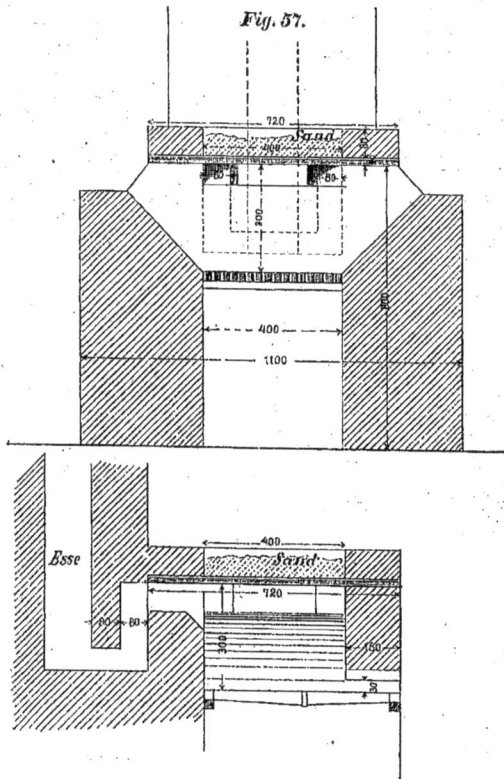

avec leurs faces à recuire, sur des plateaux en fer, portés à l'incandescence.

Pour faire revenir des outils perforés, on introduira dans leurs cavités des broches portées à l'incandescence; si les outils ont la forme de disques, on les fera revenir en les plaçant entre deux plateaux incandescents de diamètre moindre que ceux des disques.

On emploie souvent pour le recuit des flammèches de gaz brûlant sans flamme intense.

L'emploi du bain de sable pour le recuit peut avoir lieu à feu ouvert; on chauffera le sable sur une tôle, et on y fera revenir les outils. Si on veut recuire au bain de sable des outils plus grands ou en nombre plus considérable, on devra construire un four à recuire spécial, tel que celui dont la figure 57 indique le principe.

On peut aussi, d'une manière analogue, se servir d'une plaque de fer perforée, maintenue constamment à l'état incandescent; dans ce cas le four à faire revenir peut être bâti comme un simple fourneau de cuisine.

Le recuit partiel des outils dans un bain de plomb en fusion est à recommander, dans les cas où l'on se propose

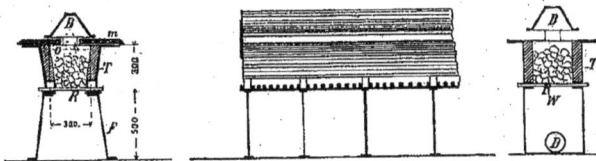

Fig. 58.

de faire décroître la dureté très uniformément d'un bout de l'outil à l'autre.

On plonge dans le bain de plomb la partie de l'outil qui doit être complètement recuite. Le bain opère un chauffage très lent et uniforme, et l'on verra se propager très uniformément les couleurs de recuit, le long de la portion de l'outil qui émerge du bain.

Pour faire revenir des outils longs, qui doivent être

réchauffés uniformément dans le sens de la largeur, il faut disposer d'appareils spéciaux construits en vue de porter les outils à une température de recuit uniforme.

La figure 58 représente un four employé au recuit de lames d'une certaine longueur.

Il se compose d'une caisse en tôle T, à section trapézoïdale, et qui repose sur quatre pieds en fer, F; le fond est remplacé par une grille formée d'une série de barrettes de fer R. L'intérieur de la caisse est garni de petites briques réfractaires, d'argile ou de glaise. Sur la partie supérieure de la caisse sont fixées des traverses o, sur lesquelles reposeront les lames à recuire. Le tout est recouvert d'un couvercle en tôle, percé en son milieu d'une fente longitudinale pour permettre l'évacuation des gaz.

Pour mettre le four en route, on répand d'abord sur la grille une couche uniforme de charbon de bois incandescent, puis on charge du charbon de bois frais, en morceaux de la grosseur d'une noix. Dès que l'incandescence aura gagné bien uniformément cette seconde couche, on posera les lames comme l'indique le croquis, et on les recuira dans cette position. Il sera facile d'ailleurs de retirer les lames recuites pour les remplacer par des lames fraîches.

Ce four devra être placé en un endroit où il se trouvera à l'abri des courants d'air, qui pourraient donner lieu à une combustion irrégulière. Pour rendre bien uniforme l'incandescence dans toute l'étendue du brasier, on se servira soit d'un soufflet à main, pour aviver le feu, soit de tôles que l'on glissera sous la grille aux endroits où la chaleur devient trop vive.

La figure 57 représente un four du même genre, mais construit en briques.

Pour atteindre plus sûrement une répartition très uniforme de l'incandescence, on peut adapter sous la grille un réservoir à vent, dans lequel le vent pénétrera par un tuyau à gaz, percé de petits trous (*fig*. 58). On peut modifier de la même manière le four de la figure 59.

Fig. 59.

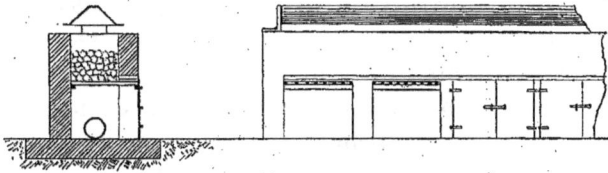

Pour *fixer* le recuit on pourra soit refroidir brusquement les pièces recuites, soit les laisser refroidir lentement à partir de la température de recuit.

Cette dernière façon de procéder ne pourra s'appliquer qu'au cas où la pièce en traitement n'a pas reçu plus de chaleur qu'il n'en fallait exactement pour le recuit.

Si l'outil a été porté partiellement à une température supérieure à celle qui a été fixée pour le recuit, il sera nécessaire de le refroidir rapidement pour éviter qu'il se détrempe.

On opérera ce refroidissement soit dans l'eau, par une série d'immersions se succédant rapidement, soit dans l'huile ou dans de la graisse dont l'action est moins vive, et dans lesquelles on laissera refroidir lentement les outils recuits.

Si certaines régions d'un outil se trouvent, après recuit, portées à une température telle qu'elles soient susceptibles de se tremper, on fixera le recuit dans de l'eau de savon.

Des outils qui ont reçu une trempe partielle sont souvent entachés d'un défaut de fabrication provenant de la fausse manœuvre suivante : ces outils ont été trempés et recuits

d'une façon convenable, mais ils ont été chauffés trop longtemps (c'est-à-dire que la chaleur a pénétré trop loin en
arrière des taillants); puis, pour fixer le recuit, on les a
placés, avec leurs taillants en avant, dans de l'eau trop peu
profonde. Dans ces circonstances, la chaleur de la région
trop chaude chemine vers la partie trempée qui se trouve
sous l'eau et détermine la formation d'une ligne de séparation
tranchée entre la zone trempée et celle qui n'a pas reçu
la trempe. Les taillants casseront suivant cette ligne. On
évitera cet accident en soutirant aux outils la chaleur en
excès par une immersion préalable dans de l'eau de savon.

On rencontre souvent des burins, tranches, forets, fleurets
de mine, etc., entachés du défaut de fabrication que nous
venons de signaler.

REDRESSEMENT DES OUTILS

Le redressement des outils voilés par la trempe ne saurait être pratiqué à froid sans danger de rupture.

Aussi cherche-t-on, autant que possible, à combiner l'opération du redressement avec celle du recuit après la trempe,
utilisant ainsi la plasticité que possède, à un degré suffisant
pour ne point casser, l'acier porté à la température de recuit.

Le redressement peut être pratiqué :

1° Par compression ;

2° Par pliage et par torsion au moyen de crochets ;

3° A l'aide de marteaux à dresser et à chasser ;

4° Par des artifices de chauffage et de refroidissement
pendant le recuit.

Lorsqu'une pièce se voile au cours de la trempe, c'est presque toujours à la suite d'un chauffage manquant d'uniformité ou d'un refroidissement irrégulier ; cet accident frappe de préférence les outils de petite section et de grande longueur ou largeur ; il atteint plus rarement les outils épais. Le refroidissement non uniforme entraîne des variations de volume inégales, qui conduisent à la déformation du métal.

Les outils trempés entre des plateaux de serrage se dressent au cours même de l'opération de la trempe, autrement dit leur déformation pendant le refroidissement devient impossible.

Pour dresser des outils minces et plats, qu'on ne saurait que difficilement redresser au marteau, on serre les outils, à la température à laquelle ils sortent du recuit, entre deux plateaux en fer réchauffés à la température de la main ; ces plateaux sont serrés énergiquement l'un contre l'autre au moyen de boulons, et maintiendront les outils jusqu'à refroidissement complet.

Le redressement des outils longs, de section symétrique, tels que, par exemple, les forets hélicoïdaux, les alésoirs, etc., s'opère sous presse, à une température un peu supérieure à celle de la main.

Le redressement d'outils plats, exposés à gauchir à la trempe, se pratique immédiatement après le recuit ou pendant le recuit même, au moyen de griffes à dresser.

On fixe l'outil par une de ses extrémités dans un étau ; on saisit l'autre extrémité avec la griffe, et on redresse lentement. Dans certains cas simples, on peut faire usage de deux griffes.

Ces griffes sont constituées par de simples fers plats ou carrés recourbés, ainsi que l'indique la figure 60. Pour dresser les outils, on les passera dans les boucles S.

Les outils qui, au cours du redressement, se sont gondolés ou ont pris, vus de champ, une courbure en forme de faucille, ne peuvent que fort difficilement être redressés par serrage ou au moyen de griffes à dresser. Le redressement doit alors s'effectuer par martelage, opération qui exige beaucoup de pratique et d'habileté.

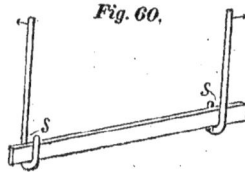

Fig. 60.

Les instruments dont on se sert à cet effet sont les suivants :

L'*enclume à dresser*, c'est-à-dire une enclume à panne large légèrement bombée, bien lisse et bien trempée ;

Le *marteau à dresser*, en cuivre, à deux pannes larges, de courbures différentes ;

Enfin le *marteau à chasser*, en acier, à deux pannes ; l'une large et bombée, l'autre étroite, parallèle au manche, et à courbure très vive.

Le coup de marteau doit toujours porter sur la face concave de l'outil.

Si l'on ne parvient pas à dresser au moyen de la panne large, on se servira de la panne étroite dont l'effet, dans la direction normale à celle du taillant, est plus vigoureux. Les coups mal portés peuvent facilement entraîner une déformation encore plus grande de l'outil ; enfin le laps de temps durant lequel la pièce se trouve à la température convenable étant très court, il est nécessaire de procéder rapidement et sûrement.

Le procédé qui consiste à employer des artifices de chauffage, c'est-à-dire à chauffer ou à refroidir irrégulièrement, soit pendant, soit après le recuit, ne trouve que de rares applications et ne peut être utilisé qu'au redressement d'outils très légèrement voilés.

On posera ces outils avec leurs faces concaves sur la sole

du four à recuire ou sur une plaque en fer préalablement
chauffée, et l'on rafraîchira les faces convexes jusqu'au
moment où les pièces se redresseront d'elles-mêmes,

L'ACIÉRATION SUPERFICIELLE ET LES MOYENS
DE PRÉSERVER L'ACIER CONTRE LA DÉCARBURATION
SUPERFICIELLE ET LE SURCHAUFFAGE

L'*aciération superficielle* a pour but de durcir l'écorce
extérieure d'objets en acier peu sensible aux effets de la
trempe, ou en fer qui ne trempe pas du tout; on réalise ce
but par la *cémentation*.

Quand on maintient longtemps à l'incandescence du fer
au contact intime de substances très carburées et possédant la faculté d'abandonner facilement leur carbone, ce
métal se carbure. Le carbone chemine de la surface extérieure de l'acier vers les parties centrales, et la carburation est d'autant plus profonde que la température est plus
élevée et le chauffage plus prolongé. Le carbone absorbé
pendant la cuisson communique au fer la propriété de durcir à la trempe et exalte cette propriété dans les aciers doux.

Quand on maintient de l'acier ou du fer à l'état incandescent au contact du charbon, pendant un laps de temps
suffisamment long, la texture du métal se modifie, devient
cristalline à gros grain, et la cohésion de molécule à molécule se relâche. Il en résulte un métal mou et fragile; cette
fragilité augmente encore après la trempe, si l'on n'a pris
soin de resserrer le grain par un forgeage préalable. Aussi,
pour que ce procédé de cémentation donne des produits de

bonne qualité, ne doit-on pas dépasser une certaine température ni prolonger au-delà d'une certaine limite la durée
de l'opération.

La *trempe en paquets* permet de durcir l'écorce des outils
jusqu'à une profondeur assez considérable. Si les outils en
traitement sont minces, il peut même arriver qu'ils absorbent
du carbone dans toute l'étendue de leur section ; ils
deviennent alors susceptibles de se tremper complètement.
On ne cherche pas toujours à donner aux outils une croûte
dure profonde ; souvent on se propose de ne donner aux
outils qu'un durcissement tout à fait *superficiel.* On atteint
ce résultat par la *trempe au prussiate.*

La façon de procéder à la *trempe en paquets* est la
suivante :

On place les outils dans une caisse en fer contenant du
charbon finement pulvérisé, et on les dispose de telle sorte
qu'ils soient complètement et uniformément noyés dans le
charbon. On recouvre la caisse d'un couvercle fermant hermétiquement ; on lute soigneusement tous les joints avec de
l'argile, puis on enfourne la caisse dans le moufle d'un four
à moufles, ou dans un four à recuire. Le chauffage se pratique absolument comme le recuit, à une température parfaitement uniforme, à laquelle on laissera exposée la caisse
pendant un laps de temps plus ou moins long, selon le
degré de durcissement que l'on se propose d'obtenir. La
chaleur ne devra pas, au cours de cette opération, dépasser
le rouge cerise clair, car une température plus élevée pourrait détériorer les outils.

En général on trempe les outils à la température de
cémentation aussitôt après les avoir retirés des boîtes ; plus
rarement on les laisse refroidir, et on les réchauffe à nouveau
pour la trempe.

La trempe en paquets est appliquée pour la fabrication

en gros d'outils ou d'organes de machines que l'on préfère, par raison d'économie, forger en fer doux, ou mouler; comme par exemple, certains organes de machines à coudre, de bicyclettes et d'ustensiles de ménage, et même des cisailles, lames, haches, etc.

Les substances carburantes dont fait usage ce procédé de cémentation sont employées pures ou en mélanges, selon leur effet utile déterminé par l'expérience. Parmi les charbons de bois, on choisira de préférence le *charbon de tilleul;* la *suie* est employée plus rarement; elle n'offre d'ailleurs aucun avantage sur le charbon de bois. Les charbons provenant de la carbonisation de substances animales telles que la *corne,* les *os,* le *cuir* sont très estimés comme agents de cémentation; la préférence revient au charbon de cuir, que la pratique a reconnu donner les meilleurs résultats. Certaines substances animales séchées, puis pulvérisées ou râpées, par exemple les *râpures de corne* ou de *sabots,* puis la *colle,* sont des agents de carburation moins énergiques que le charbon et nécessitent une cuisson cémentante plus longue; aussi les emploie-t-on plus rarement pour la trempe en paquets; par contre, on en fait un usage fréquent pour préserver l'écorce des outils de grande taille contre la décarburation superficielle, ou lorsqu'on veut soustraire ces derniers à l'action directe du combustible.

Si l'on veut que la trempe au paquet donne un durcissement bien uniforme, il faut que l'écorce des outils soit exempte de toute souillure et qu'elle présente un aspect métallique bien net. Il faudra, par suite, avant de charger les outils dans les caisses à cémenter, les nettoyer convenablement.

Si l'on désire conserver à certaines portions de l'écorce des outils leur dureté naturelle, on les préservera contre les effets de la cémentation soit en les enduisant de plusieurs couches, appliquées successivement, d'une bouillie d'argile,

soit en les emballant dans des matières non carburantes,
telles que, par exemple, du *sable*, de la *farine de briques*, etc.

La figure 61 représente la façon de procéder pour
emballer un fuseau qui doit être durci en deux endroits
différents. Après avoir empaqueté la pièce comme l'indique le

Fig. 61.

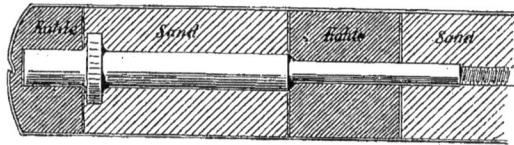

croquis, on la maintiendra pendant plusieurs heures au rouge
cerise ; puis on la tirera de sa chemise, et on la trempera.

L'*aciération superficielle* exige l'emploi de substances
possédant la propriété de céder rapidement et facilement,
à température suffisamment élevée, leur carbone aux outils
que l'on expose à leur contact.

L'expérience a démontré que les meilleurs résultats
s'obtiennent par l'emploi du *prussiate jaune de potasse*. Au
contact de l'outil incandescent, ce corps entre en fusion et
à cet état devient un agent de carburation très énergique.

La *trempe au prussiate* se pratique comme suit :

Après avoir chauffé l'outil au rouge, on en saupoudre les
surfaces à aciérer de prussiate jaune, dont on assure la
répartition très uniforme au moyen d'un crible très fin ;
puis on remet l'outil au feu, on le porte à la température
de trempe, et on le trempe. S'il s'agit de donner à du fer
ou à de l'acier tout à fait doux un durcissement plus profond, on répétera cette opération deux ou trois fois.

Il faut naturellement que l'écorce de l'outil soit complètement exempte de pellicules d'oxydes. Si l'on veut, par la
trempe au prussiate, communiquer à des outils de très petites

dimensions une grande dureté, on procédera comme suit :

On commencera par faire fondre le prussiate dans une marmite en fonte, sur un feux doux ; puis on y plongera l'outil préalablement chauffé au rouge sombre.

L'outil sera maintenu au contact du prussiate pendant un quart d'heure environ, après quoi on le retirera, on le portera à la température de trempe, et on le trempera.

Si les outils à traiter sont petits et minces, on obtient déjà des effets de cémentation, moins intenses il est vrai, en les chauffant au rouge et en les plongeant lentement dans de l'huile ou de la graisse, opération qui sera répétée un certain nombre de fois, en ayant soin, à chaque fois, de les chauffer à nouveau au rouge ; on terminera en trempant à l'eau. Si l'on veut obtenir des effets de cémentation plus intenses, on mélangera à l'huile ou à la graisse (huile de poisson) du noir de fumée, ou du charbon en poudre fine, jusqu'à formation d'une bouillie épaisse dans laquelle on plongera les outils portés à la chaleur rouge. Les outils se recouvriront ainsi d'un enduit épais difficilement combustible, qui, lors du chauffage suivant, produira des effets énergiques de cémentation.

En mélangeant de la *farine*, du *prussiate jaune*, de l'*azotate de potasse*, des *râpures de corne* ou de *sabots*, de la *graisse* et de la *cire*, on obtient une substance de consistance pâteuse qui peut servir aux mêmes usages que la précédente. Les produits que l'on trouve dans le commerce sous le nom de *pâtes à cémenter* ont des formules qui se rapprochent de celle que nous venons d'indiquer, et que l'on peut d'ailleurs varier à volonté ; par exemple on fera fondre ensemble les corps suivants :

Cire...........................	500	grammes
Suif...........................	500	—
Colophane....................	100	—

On ajoutera à la masse fondue un mélange en parties égales, de *charbon de cuir*, de *râpures de cornes* et de *sabots*, jusqu'à formation d'une bouillie consistante, que l'on additionnera finalement de 10 grammes de *salpêtre de potasse* et de 50 à 100 grammes de *prussiate jaune* pulvérisés, en ayant soin de bien délayer ces matières.

Pour aciérer les outils, on les portera à l'incandescence et on les plongera dans cette pâte, dans laquelle on les laissera refroidir ; puis on les retirera pour les chauffer à nouveau et les tremper.

Pour traiter à feu ouvert des outils, que l'on veut tremper après aciération, on se sert de *poudres à cémenter* dans la composition desquelles entre du prussiate jaune, du charbon de bois, de la colophane, du sel marin calciné, du salpêtre de potasse, de la farine de corne, du verre pilé, etc., en mélanges absolument quelconques.

On observera que les substances qui ne sont pas susceptibles de céder du carbone n'ayant d'autre but que de donner de l'adhérence, d'assurer une répartition uniforme du mélange, et de détruire les oxydes (battitures), et il faudra, dans la composition des poudres, faire dominer les éléments carburés. Les exemples suivants donnent une idée de la manière dont sont composées les poudres sèches à cémenter.

Râpure de sabots.................	10	parties
Charbon de corne.................	10	—
Salpêtre de potasse...............	1/2	—
Verre pilé	1/2	—
Sel marin calciné.................	2	—
Prussiate jaune de potasse........	1	—

Autre formule :

Colophane.......................	4	parties
Sel marin calciné	10	—
Colle...........................	4	—
Salpêtre de potasse, etc...........	2	—

Pour la fabrication des outils, les procédés d'aciération superficielle n'ont qu'une importance tout à fait secondaire ; on préfère généralement faire usage d'aciers dont le degré de dureté répond bien à l'emploi que l'on veut faire des outils, et que l'on trempera sans avoir recours à la cémentation.

Mais une importance plus grande doit être, dans un autre ordre d'idées, accordée à ces procédés : ils peuvent être appliqués en effet à rafraîchir des outils qui, en certaines de leurs parties, auraient été chauffés trop rapidement, ou à température trop élevée ; ils interviendront aussi comme moyens de préserver les outils pendant le chauffage contre le contact des gaz de la combustion ou contre la décarburation superficielle.

Les outils qui présentent des saillies vives, tels les fraises, les limes, etc., ne sauraient que difficilement être portés à température bien uniforme, les arêtes (dents) et les angles vifs s'échauffant plus rapidement et plus fortement que le corps même des outils.

Il en résulte que les taillants qui, précisément, sont les parties les plus fatiguées des outils, prendront une dureté trop fragile et deviendront sujets à se fissurer ; si la durée du surchauffage se prolonge, il pourra même y avoir décarburation, et le métal cessera d'être sensible aux effets de la trempe.

Aussi doit-on, dans certains cas, comme, par exemple, quand on trempe des limes, garantir les dents contre les excès de chaleur et contre la décarburation et, dans d'autres, les rafraîchir pendant le chauffage, quand elles ont été chauffées trop rapidement (fraises).

Pour rafraîchir un outil dont le chauffage a manqué d'uniformité, on peut le retirer du feu et le laisser reprendre, au contact de l'air atmosphérique, une température uniforme ;

mais cette façon d'opérer ne donne pas toujours satisfaction,
surtout si l'outil présente des différences de section considérables. Dans ce cas, il y a lieu de recommander expressément de faire usage de poudres dont l'effet sera de rafraîchir l'outil et de le préserver contre une décarburation
possible. Ces poudres devraient être d'un usage courant pour
le traitement d'outils de forme compliquée. Voici la composition de deux poudres qui donnent de bons résultats :

Râpure de sabots..................	50	parties
Farine de seigle...................	5	—
Sel calciné et pulvérisé...........	25	—
Verre pilé........................	1/2	—

Autre formule :

Sel marin calciné	1	partie
Râpure de sabots:...............	1	—
Charbon de cuir pulvérisé........	1	—
Farine de seigle.................	1	—

A l'aide d'une palette, on saupoudrera les portions de
l'outil qui présentent, au cours du chauffage, une incandescence plus vive ; une autre façon de procéder est de les
plonger *dans* la poudre ; on répétera l'opération autant de
fois qu'on le jugera nécessaire. L'usage de ces poudres ne
saurait être que très utile.

Pour garantir de prime abord l'écorce des outils, on les
chauffera dans des caisses garnies de rapures de sabots et de
cornes.

Une autre façon de procéder consiste à recouvrir les
outils d'une pâte bien adhérente, composée de substances
carburées ; on laissera sécher cette pâte, puis on chauffera
les outils pour la trempe, comme à l'ordinaire.

On fait usage, à cet effet, des mélanges suivants, que l'on emploie toujours à l'état de bouillies pâteuses :

Charbon de bois ou de cuir pulvérisé.	1 partie
Sel marin......................	1 —
Farine de seigle................	1 —

Autre formule :

Râpure de sabots................	1 partie
Farine de seigle................	1 —
Prussiate jaune de potasse........	1 —
Verre pilé......................	1 —

Autre formule :

Râpure de sabot................	2 parties
Charbon de cuir................	2 —
Farine de corne calcinée..........	2 —
Chromate de potasse............	1 —
Prussiate jaune de potasse........	1 —
Farine de seigle................	2 —

Ces différents ingrédients doivent d'abord être finement pulvérisés et intimement mélangés ; puis on les verse dans une dissolution concentrée de sel de cuisine dans laquelle on les délaie jusqu'à formation d'une bouillie. Après avoir laissé reposer tranquillement cette bouillie pendant plusieurs jours, on la tournera de nouveau, et, avec une brosse, on l'appliquera sur la surface des outils qu'on aura pris soin de nettoyer préalablement de toute trace de graisse. Pour que cet enduit ne s'effrite pas pendant le chauffage, il faut qu'il soit complètement sec avant de procéder à la trempe des outils qui en sont recouverts.

Bien naturellement les mélanges que nous venons d'indiquer peuvent être combinés d'une façon absolument quel-

conque, pourvu que leur composition réponde bien au parti
que l'on se propose d'en tirer.

Dans la pratique, rien ne s'oppose à leur emploi, lequel
ne présente des inconvénients que dans des cas fort rares ;
le principal tort qu'ils puissent faire à l'outil est de s'attacher à sa surface et de lui donner un aspect moucheté,
désagréable.

Mentionnons encore les procédés suivants d'aciération
superficielle :

La cémentation de l'écorce extérieure des pièces en acier
peut être produite par l'action de *carbures* à l'état gazeux.
C'est ainsi qu'en faisant passer du gaz de l'éclairage sur des
plaques de fer portées à l'incandescence, on obtient des
effets de cémentation énergiques ; en refroidissant rapidement des pièces de fer ainsi traitées, on obtiendra le durcissement de leur écorce extérieure.

Ce procédé a été mis en pratique dans la fabrication des
plaques de blindage pour durcir la surface extérieure des
plaques.

Le carbure d'hydrogène dont on fait usage est l'*acétylène*,
que l'on prépare en plongeant dans l'eau du carbure de
calcium et que l'on fait passer à l'abri complet de l'air, sur
les plaques de blindages portées à l'incandescence.

On ne se sert que rarement de la fonte comme agent de carburation superficielle. La fonte possède une forte teneur en
carbone, qu'elle cède facilement au fer ou à l'acier doux,
quand on la recuit à l'incandescence en contact intime avec
ces corps, ou quand on opère la fusion sur la surface même
du fer porté à l'incandescence.

La valeur pratique de ce procédé de durcissement superficiel est minime, et l'on arrivera à un résultat plus certain
en employant soit la trempe en paquet, soit la trempe au
prussiate.

LE SOUDAGE DE L'ACIER

Pour *souder* l'acier, il est indispensable de le porter à très haute température; le danger de brûler le métal au cours du surchauffage considérable qu'il doit forcément subir est donc considérable. En ce qui concerne le soudage de l'acier, il importe de remarquer que l'acier, supportant moins de chaleur que le fer, on ne devra pas le porter à une température supérieure à celle qu'il faut strictement pour rendre pâteuses les surfaces à réunir par soudage; quand au contraire on chauffe du fer en vue du soudage, on peut laisser le ramollissement gagner des couches plus profondes. Lorsque l'on chauffe de l'acier au blanc étincelant et que l'on laisse pénétrer trop profondément cette haute température, la structure du métal se relâche à tel point que, lors de l'étirage qui suivra, l'acier tombera en lambeaux.

Pour que le soudage puisse s'effectuer, il est indispensable que la surface de l'acier soit ramenée à l'état pâteux; on obtiendra ce ramollissement par chauffage au jaune clair, et on le favorisera en saupoudrant les pièces à souder, de substances fusibles, destinées à protéger le métal contre l'oxydation.

Parmi les substances employées, citons le *borax*, le *quartz* finement pulvérisé, l'*argile* calcinée et pulvérisée (quelquefois la farine de briques), la *potasse*, la *soude*, le *sel ammoniac*, etc., qu'on peut employer seuls ou en mélanges quelconques. Le borax et la soude seront d'abord fondus, puis on les laissera refroidir et on les pulvérisera avant de les employer.

Pour pratiquer le soudage, on opérera comme suit : Les bouts à souder seront préalablement amorcés en forme de biseaux, de façon à bien s'ajuster l'un sur l'autre. Puis on les chauffera à la température de soudage, soit, au blanc étincelant pour le fer, au blanc sale pour l'acier doux et à l'orangé clair pour l'acier dur. On râclera les battitures qui auront pris naissance, et, un peu avant d'atteindre la chaleur soudante, on saupoudrera les pièces de poudre à souder, sans les retirer du feu. Ceci fait, on tirera vivement du feu les bouts à souder, on les pressera fortement l'un contre l'autre, et on opérera la réunion de leurs surfaces, soit en frappant à coups de marteaux légers, soit par compression. Puis on saupoudrera une seconde fois l'endroit de la soudure avec de la poudre à souder, et on remettra au feu pour donner une seconde chaude de soudage (qu'il n'est pas nécessaire de pousser aussi loin que la première).

La réunion complète s'opérera alors, en frappant à coups de marteaux plus vigoureux. On poursuivra le forgeage le plus longtemps possible afin de rétablir la texture fine, serrée, du métal. Ceci fait, il sera nécessaire de laisser l'outil refroidir lentement, puis on le réchauffera à nouveau pour le tremper; en procédant ainsi on évite, dans une certaine mesure, le fendillement à la trempe.

Si la soudure n'est pas complète, on devra, avant de recommencer l'opération, recouper les amorces qui avaient servi auparavant.

Si, l'opération de soudage terminée, l'acier présente des criques, c'est que la température de la chaude de soudage a été trop élevée et que le métal a été brûlé; si après avoir renouvelé à plusieurs reprises, en les conduisant avec le plus grand soin, les essais de soudage, les criques se représentent toujours, on pourra conclure que le métal en traitement ne convient pas au soudage.

RÉGÉNÉRATION DE L'ACIER ALTÉRÉ PAR LE FEU

L'acier à outil *dénaturé* ou *fortement surchauffé* devrait être mis de côté plutôt que de servir à la confection d'outils dont la fabrication entraîne des frais de main-d'œuvre considérables.

On reconnaît généralement trop tard que l'acier a été surchauffé ou dénaturé, et on n'en acquiert la preuve qu'à l'examen des défauts qui rendent inutilisables les outils terminés ; dans ce cas tout essai de *régénération*, c'est-à-dire d'amélioration du métal altéré arrive trop tard. Aussi les procédés en usage pour améliorer les aciers altérés n'ont-ils, au point de vue de la fabrication des outils, aucune valeur pratique, et doit-on ici se borner à écarter soigneusement toute cause d'altération.

L'acier est *brûlé* quand il a été chauffé à température assez forte pour qu'il en résulte une désagrégation de la structure, à la suite de laquelle le métal, non trempé, présente des criques et tombe en morceaux quand on veut le forger. L'acier altéré à ce point ne saurait plus être régénéré.

L'acier est *surchauffé* quand il a été porté à une température supérieure au rouge cerise, et qu'il a pris, sous l'action de cette température une texture cristalline à gros grains. Selon la durée du surchauffage, l'altération atteint soit l'écorce extérieure seulement (angles vifs, arêtes), soit la masse métallique tout entière.

Si, au cours du forgeage de l'acier à outil, il s'est produit un surchauffage local et qu'on ne veut se résoudre à

découper et à éloigner complètement la portion altérée du
métal, on laissera s'abaisser jusqu'au-dessous du rouge cerise
naissant la température de la région altérée, puis on la soumettra à un *martelage* vigoureux qu'on poursuivra jusqu'au
rouge sombre. Cette opération achevée, on laissera refroidir
lentement, complètement l'outil, puis on le réchauffera
avec précaution pour la trempe.

Des outils qui ont été surchauffés pendant la chauffe de
trempe devront être mis de côté de façon à refroidir lentement ; puis on les réchauffera à nouveau pour les tremper,
en ayant soin de ne pas dépasser la température la plus
basse, convenant à la trempe. En opérant ainsi, on parvien-
dra, dans une certaine mesure, à rendre à l'acier son grain
serré, c'est-à-dire à le régénérer. Toutes les recettes dont
on vante l'efficacité comme régénérateurs d'acier brûlé ou
surchauffé visent à obtenir ce resserrement de la structure ;
elles ne sont d'ailleurs, par elles-mêmes, d'aucun effet.

Les résultats auxquels aboutissent les essais de régénération de l'acier surchauffé sont toujours douteux.

On dit que l'acier est *dénaturé*, ou *rôti*, quand il a été
chauffé avec excès d'air, à une température qui par elle-
même n'aurait pas suffi à le surchauffer, et pendant un
temps assez long pour provoquer la décarburation complète
ou partielle de l'écorce extérieure du métal.

Les outils dont le métal est dénaturé ne durcissent qu'in-
suffisamment ou pas du tout à la trempe. Lorsque l'on pré-
sume qu'un outil a été fabriqué en acier légèrement dénaturé, on se servira, pour le tremper de l'un des agents de
carburation indiqués précédemment ; on choisira de préférence une pâte à cémenter ; le résultat dépendra du degré de
décarburation du métal dénaturé, et le succès sera toujours
douteux.

L'acier est également *dénaturé* lorsqu'à la suite d'une

série de chauffes et de trempes il est devenu fragile, a perdu
ses propriétés mordantes et ne peut plus supporter la trempe
sans se fendiller. Il n'y a pas d'autre moyen d'éviter les conséquences de cette altération que d'enlever sur une certaine
largeur la partie fatiguée du taillant et de le reforger à
nouveau.

RECHERCHE DES DÉFAUTS
QUE PEUVENT PRÉSENTER LES OUTILS TREMPÉS

Si l'examen d'un outil révèle des défauts, on doit en rechercher immédiatement les causes, de façon à pouvoir les écarter dans les fabrications ultérieures. L'art de bien tremper
est compliqué et exige beaucoup de pratique et d'expérience
de la part de celui qui veut l'exercer avec succès. L'expérience
ne comporte pas seulement la connaissance superficielle des
procédés qui conviennent dans chaque cas particulier; il faut
en outre pouvoir saisir exactement les causes auxquelles on
doit attribuer la présence de défauts et savoir les écarter
par un choix judicieux des méthodes de travail.

Avant de procéder à la trempe, l'ouvrier outilleur devra
se rendre compte exactement de la façon dont il lui faudra
procéder pour arriver au but sans accident; il devra
prendre d'avance toutes ses dispositions pour qu'une fois en
route il puisse poursuivre sans interruption les opérations
de trempe.

Si l'on doit tremper un grand nombre d'outils de même
espèce, on commencera par opérer sur un seul de ces outils;
la trempe effectuée, on procédera au nettoyage de cet outil

en le brossant sous l'eau à la brosse dure ; puis on lui fera
subir un examen détaillé, en vue de rechercher si, au cours de
l'opération, aucune fente ne s'est formée. On essaiera ensuite
le métal à la lime douce pour en apprécier le degré de
dureté. Si l'on trouve le résultat satisfaisant, on pourra procéder à la trempe d'un second outil que l'on soumettra au
même examen ; on déterminera ainsi si le procédé de
trempe convient et si l'on peut continuer à tremper en
masse ; on ne devra néanmoins pas négliger de contrôler
sommairement la fabrication, outil par outil, après chaque
opération de trempe et, de temps à autre, en choisir un
que l'on soumettra à un examen complet.

Les outils de petites dimensions, trempés entièrement, se
fendent déjà dans le bain de trempe, lorsque la température
de trempe à laquelle on les a portés a été trop élevée.

Quand on traite des outils plus grands, on est exposé
également à voir se détacher les angles vifs et les arêtes,
dans le bain de trempe même ; mais alors la rupture se
produit plus tard, à un moment où le refroidissement est
plus avancé.

On devra, par conséquent, laisser reposer pendant un
certain temps l'outil que l'on soumet à l'examen, avant de
pouvoir se prononcer avec certitude et de continuer les
opérations en toute sécurité.

En procédant autrement, on risque de découvrir après
coup, lors du contrôle final de la fabrication, que toutes les
pièces traitées sont avariés.

Si, d'une part, une confiance trop absolue dans le procédé
de trempe que l'on a choisi peut conduire à des déceptions,
quand on n'a pas pris soin de contrôler dès le début et fort
soigneusement la fabrication, de l'autre, le tâtonnement et
l'hésitation peuvent avoir des conséquences également
funestes. On arrive alors, sous prétexte de prudence, à rôtir

pendant des heures entières des outils de dimensions plus grandes, pour les amener à l'incandescence bien uniforme pour les tremper et, en fin de compte, à trop basse température.

N'arrivant pas à communiquer à l'outil la dureté voulue, on répète cette opération à plusieurs reprises, et finalement on s'en prend à la qualité de l'acier employé.

Ce manque de sûreté caractérise l'opérateur inexpérimenté.

L'examen approfondi des outils avariés par la trempe développe l'expérience de l'ouvrier trempeur et lui permet d'arriver à reconnaître les causes des accidents de trempe et les moyens de les éviter.

Les renseignements qui vont suivre permettront d'orienter les recherches :

1° Les outils de petite taille ou de faible section, transversale, qui n'ont reçu qu'une trempe partielle, présentent des fentes longitudinales lorsqu'ils ont été chauffés à trop forte température, à moins que ces fentes ne proviennent de pailles qui se trouvaient déjà dans le métal avant l'opération de la trempe.

Après avoir soigneusement séché l'outil, on le cassera de manière à mettre à découvert les surfaces de rupture ; puis on comparera le grain de la partie saine avec celui d'une éprouvette de même section et provenant d'un acier de même qualité; cette éprouvette, avant d'avoir été cassée, doit avoir été chauffée très soigneusement au rouge cerise et trempée à cette température.

Si la cassure de l'outil présente un grain plus gros que celui de l'éprouvette, on pourra conclure que la trempe a été pratiquée à température trop élevée.

Si le grain est fin et que les parois de la fente sont propres, humectées seulement par de l'eau de trempe qui s'y est infiltrée, on pourra attribuer les causes de l'accident soit à l'emploi d'une eau de trempe trop froide, soit à la présence de tensions de forgeage qui n'ont pas été neutralisées par le recuit. Par l'emploi soit d'une eau plus tiède, soit d'un autre liquide de trempe (huile ou suif) ou par un recuit plus soigné, cette cause d'avarie sera écartée.

Si les parois de la fente sont, par place ou dans toute leur étendue, recouvertes d'une teinte foncée (rouge brune), l'avarie doit être imputée à un défaut dans le métal; la teinte foncée de la cassure provient de l'oxydation de l'acier au cours du chauffage.

2° Des outils plats, lames de cisailles, etc., ou des outils à taillants larges et vifs, par exemple des burins, des forets, etc., sont entachés, après trempe, sur leurs angles et en arrière des taillants, de fentes curvilignes; on en conclura que les angles et les taillants n'ont pas été chauffés uniformément ou ont été surchauffés.

3° Des outils de plus grandes dimensions ont été trempés en entier; pendant ou après la trempe, les angles vifs, les arêtes et les dents se séparent.

Si le procédé de trempe, étant en lui-même irréprochable, les cassures montrent une texture grenue, l'accident aura été causé par un surchauffage partiel; si le grain est fin, on conclura que les outils n'ont pas été refroidis convenablement.

4° Si les outils se sont fendus de l'intérieur vers l'extérieur, deux cas peuvent se produire : si, mises à découvert, les parois de la fente présentent une structure homogène parfaitement saine, c'est que le mode de refroidissement adopté ne convenait pas. Si, au contraire, la fente provient des effets de l'entonnoir de ravalement ou de solutions de continuité quelconques à l'intérieur de la pièce, ce fait se reconnaîtra facilement à l'inspection des parois mises à découvert de la fente ;

5° Si des outils de forme symétrique présentent d'un côté seulement des fissures, ou que d'un seul côté leurs angles vifs ont éclaté, ce fait indique que la chauffe de trempe a manqué d'uniformité.

6° Les criques perpendiculaires aux arêtes, et dont les parois sont teintées d'une couleur sombre ou noire, ne se rencontrent que sur de l'acier brûlé.

Si la structure de l'acier est grenue, à gros grains blancs brillants, l'outil a été brûlé au moment de la trempe ; si la structure est grenue, à gros grains d'un blanc plus terne, l'acier a été brûlé au cours de l'une des opérations qui ont précédé la chauffe de trempe.

7° Un outil auquel la trempe n'a pas communiqué un degré de dureté uniforme a reçu soit une chauffe de trempe manquant elle-même d'uniformité, soit un refroidissement non uniforme ; ce fait peut provenir soit de ce que l'outil n'a pas été agité suffisamment dans le bain de trempe, soit de ce que l'action refroidissante du bain était plus énergique dans un sens que dans l'autre.

Il arrive que des outils qui, n'ayant été refroidis que pendant un temps fort court, se sont trouvés ensuite en contact avec les parois de la cuve à tremper et sont restés dans cette position jusqu'à refroidissement complet, ne prennent aucune trempe aux endroits où ce contact s'est produit.

8° Lorsque des outils présentent un degré de dureté trop faible, cette dureté étant d'ailleurs uniforme, il faut en attribuer la raison plus rarement à la température trop basse de la chauffe de trempe qu'au choix mal approprié du liquide de trempe ou à la quantité trop faible que l'on en a employé. Le choix d'une température peu élevée et la trempe d'outils de fortes dimensions nécessitent l'emploi de bains de trempe énergiques ; l'emploi de l'eau recouverte d'huile, de l'huile seule, ou des graisses, sera donc écarté ;

9° Les *taches molles* à la surface des outils trempés sont dues à l'emploi, pour le chauffage de l'acier, de houilles sulfureuses ; elles peuvent provenir aussi de ce que l'outil a été plongé trop lentement dans le bain de trempe et que, par suite de la projection du liquide, le refroidissement en certains endroits de l'outil a été incomplet.

10° Des outils trempés, dont l'écorce extérieure toute entière présente une couche mince qui n'a pas pris la trempe et qui se laisse attaquer à la lime, ont été chauffés trop lentement pour la trempe et ont subi une décarburation superficielle. Après avoir été passés à la meule, pour les débarrasser de cette peau d'acier doux, les outils posséderont d'ordinaire encore une dureté suffisante pour que rien ne s'oppose à leur emploi ; pourtant leur mordant restera bien naturellement plus faible que celui d'outils trempés convenablement.

11° Les outils qui, au cours d'une des opérations qui ont précédés la trempe, ont été dénaturés ou fortement décarburés ne sont plus susceptibles de prendre la trempe. La cassure du métal qui les compose présente, sur les bords, des bandes foncées à texture serrée et terne.

12° Les défauts de fabrication provenant de l'emploi des instruments destinés à saisir et à tenir les objets pendant l'opération de la trempe ont été étudiés page 79.

Quand, dans certains cas, on n'est pas fixé sur le mode opératoire à suivre, eu égard à la qualité et au degré de dureté du métal employé et au but que l'on se propose d'atteindre, ou si l'on n'est pas absolument certain de suivre la bonne voie, on fera bien de demander à l'usine d'où provient le métal, une notice sur le mode de traitement de ses aciers.

L'examen auquel on soumet les outils immédiatement après leur achèvement ne permet de déterminer que quelques-uns des défauts qu'ils ont contractés pendant la trempe ou au cours des opérations précédentes. Les vices qui se manifestent lors de la mise en service des outils ne proviennent généralement que de défauts de dureté, soit que le degré de dureté du métal ait été mal choisi, soit que la façon dont les outils ont été trempés ne convenait pas. Un outil qui manque de mordant peut devoir cette tare à son degré de dureté trop faible ; il peut le devoir aussi à une dureté trop élevée entraînant une fragilité trop grande. Le taillant d'un outil que la trempe a rendu fragile s'*égrène* en particules microscopiques et s'*émousse* rapidement. L'effet produit est le même que si le métal s'émoussait par suite d'un manque de dureté. Si, ainsi que cela arrive souvent, on voulait corriger ce défaut en donnant à l'outil une trempe encore plus vive, on arriverait à un résultat exactement opposé à celui que l'on s'était proposé d'atteindre. Il suffit d'ordinaire d'enlever à la meule l'écorce superficielle cassante du taillant pour voir s'améliorer les propriétés mordantes de l'outil. Quand le taillant sera usé et qu'on l'aura ajusté à nouveau, on pourra essayer d'une température de trempe plus basse et d'une trempe moins vive. Si malgré tout le rendement de l'outil reste insuffisant, on pourra conclure à un degré de dureté trop faible de l'acier employé.

Le fait que, pour des outils tranchants en acier dur, la dureté maxima qu'il soit possible d'atteindre ne correspond pas au rendement maximum de l'outil, ressort clairement d'une série d'expériences exécutées à Bismarkhütte et que nous allons décrire :

On avait fabriqué un certain nombre de lames, forgées deux par deux dans un même barreau d'acier. On obtint ainsi deux séries de lames : les lames de la première série furent chauffées soigneusement au rouge cerise clair, puis reçurent une trempe vive, sans recuit, dans de l'eau à 18° C.

Ces lames furent ensuite essayées toutes dans des conditions exactement pareilles, et la quantité moyenne de
travail par lame fut désignée par le chiffre 100. Les lames
de la seconde série furent chauffées au rouge cerise moins
clair, trempées à l'eau à 18° C., jusqu'à extinction de toute
incandescence, puis plongées dans de l'eau bouillante, où
elles demeurèrent jusqu'à complet refroidissement. Le rendement des outils de cette seconde série fut constamment
meilleur, ainsi qu'il ressort du tableau suivant :

DEGRÉ DE DURETÉ DES LAMES	TREMPE VIVE A L'EAU	TREMPE A L'EAU SUIVIE D'UN RECUIT DANS DE L'EAU BOUILLANTE
N° I : Acier à 0,85 % de carbone : Rendement.....	100	112
N° II : Acier à 1,32 % de carbone : Rendement.....	100	118
N° III : Acier à 1,50 % de carbone et 4,5 % de tungstène : Rendement.......	100	135

Pour essayer les lames, on se servait d'acier fondu recuit,
de même degré de dureté que le métal dont étaient fabriquées les lames elles-mêmes.

L'augmentation de l'effet utile qui atteint, comme on le
voit, 35 %, montre quelle économie de temps et de rendement
on peut atteindre par le choix judicieux du procédé de trempe.

Un défaut que l'on peut observer souvent sur des outils
tranchants très durs consiste en fissures qui se manifestent
à la surface des taillants, quand, ceux-ci étant usés, on les
a repassés pour la première fois à la meule ; ces fissures,
qui peuvent d'ailleurs se propager à travers tout le corps
de l'outil, dans les directions les plus diverses, conduisent à

un feuilletage de l'écorce extérieure, laquelle se détache par écailles du reste du taillant.

On se trompe d'ordinaire en attribuant ce fendillement à la mauvaise qualité du métal ; il est dû, en réalité, au meulage des outils sur des meules en émeri dures et à rotation rapide, et se manifeste même si ces meules tournent dans l'eau.

Les meules en émeri attaquent l'écorce du métal, elles provoquent l'échauffement subit des portions de cette écorce avec lesquelles elles se trouvent en contact ; la haute température qui en résulte conduit à un changement de volume et par suite à des ruptures. L'eau qui baigne la meule n'a pas d'action tant que l'outil est pressé contre la meule ; elle n'agit comme réfrigérant qu' « après ».

Le phénomène que nous venons de décrire s'observe plus souvent sur les aciers pour outils tranchants particulièrement durs que sur ceux dont la dureté est moindre.

On voit parfois s'ébrécher pendant le travail les arêtes vives d'outils qui travaillent à forte compression, tels que les outils de presse dont la surface est gravée.

Ce fait indique que ces outils sont trop durs. On les adoucira légèrement avant de s'en servir, en leur donnant un recuit peu prolongé sur une plaque de métal chauffée.

Des outils qui, pendant qu'ils travaillent, sont exposés à s'échauffer fortement, sont sujets à s'ébrécher dès leur mise en service, sur les coins et sur les arêtes, qui sont plus vite pénétrés par la chaleur. Cet échauffement entraîne un changement de volume des couches superficielles. Celles-ci auront la tendance de se contracter, tandis que les couches internes, encore froides, s'opposeront à ce mouvement. De là des gerçures fines et nombreuses, à la suite desquelles l'outil s'ébréchera. Pour éviter cet accident, on réchauffera l'outil avant sa mise en service, et la température à laquelle

on la portera devra être d'autant plus élevée que celle à
laquelle il sera exposé pendant son travail sera elle-même
plus grande. Les outils peu fatigués seront réchauffés à la
température de la main ; d'autres, plus fatigués, devront
être réchauffés dans de l'eau bouillante ; tous devront
prendre de part en part une température bien uniforme.

Ce mode d'opérer s'appliquera avec grand succès aux
poinçons, aux emporte-pièces, et à tous les outils qui, pendant leur travail, s'échauffent en raison des coups et des
chocs qu'ils subissent.

Lorsque, entre la partie trempée et la partie non trempée
d'un outil, la transition est brusque, l'outil cassera lors de
la mise en service. On reconnaîtra facilement la cause de
cette avarie.

Si l'on fait subir à un outil un excès de fatigue, ou si on
le met en route trop brusquement : il arrivera soit que
l'outil se brise complètement, soit que son taillant seul
casse. Les causes de ces accidents sont faciles à déterminer
et à éviter.

Sans pousser plus avant la discussion des différents cas
où, au cours de la trempe, du recuit, ou même du travail
des outils, ceux-ci sont exposés à s'avarier, nous recomman-
dons de livrer les outils qui, après trempe, ont semblé intacts,
mais qui à l'usage se sont révélés défectueux, à un examen
aussi approfondi que si ces outils avaient contracté des
défauts au cours de la trempe. Les recherches que l'on
fera à cet égard serviront à développer l'expérience de l'ouvrier trempeur.

AMÉLIORATION DES PROPRIÉTÉS DE RÉSISTANCE
DE L'ACIER

L'amélioration des propriétés de résistance de l'acier a pour but de communiquer à ce métal des qualités particulières d'*élasticité*, de *résistance* ou de *ténacité*. Dans la plupart des cas, on cherche à atteindre le maximum de résistance et de ténacité. Ainsi qu'on l'a vu dans un des chapitres précédents, l'acier subit, au cours de son élaboration et pendant les opérations de la trempe et du recuit certaines modifications dans la cohésion de sa structure ; ces modifications déterminent la résistance et la ténacité du métal. L'opération du recuit abaisse la résistance et augmente la ténacité de l'acier. L'élaboration de ce métal à basse température augmente sa résistance, mais au détriment de la ténacité, jusqu'à le rendre cassant.

L'acier laminé ou étiré à température élevée présente moins de résistance et plus de ténacité que si le métal avait été travaillé à basse température. Si les constructions dans lesquelles doit intervenir l'acier exigent un métal dont les propriétés de résistance soient absolument homogènes, l'élaboration de ce métal devra avoir lieu dans des conditions de température bien uniforme. Un acier dont la constitution diffère légèrement de celle du métal prescrit peut, par le choix judicieux de la température d'élaboration, acquérir les mêmes propriétés résistantes que ce dernier.

L'opération de la trempe *augmente* sensiblement la résistance des aciers doux, qui ne trempent pas, et *diminue* leur ténacité; elle diminue la résistance des aciers durs qui durcissent à la trempe et leur enlève toute leur ténacité; le métal devient alors fragile.

Le recuit augmente jusqu'à un certain point la résistance et la ténacité de l'acier trempé.

Si l'on pousse le recuit au-delà du gris jusqu'à la température de trempe, l'acier passera par toutes les phases de sa résistance; celle-ci ira en croissant jusqu'à une température de recuit déterminée, puis décroîtra graduellement pour aboutir à un minimum qui correspondra à la température du recuit complet.

Dans ces mêmes conditions, la ténacité de l'acier ira constamment en croissant.

Quand, après avoir trempé de l'acier, on le chauffe à des températures différentes, puis qu'on le laisse refroidir, le métal présentera des degrés différents de résistance et de ténacité.

La même remarque s'applique à de l'acier qui, chauffé à une température de trempe déterminée, a été refroidi dans des liquides de températures différentes (eau bouillante, plomb en fusion).

La plupart des procédés aptes à améliorer ou à régulariser les propriétés de résistance de l'acier, au moyen d'une combinaison judicieuse de trempes et de recuits, sont brevetés. Ces procédés ont reçu des applications pratiques dans la fabrication des armes en acier (tubes à canon), mais ils sont employés sur une plus grande échelle dans la construction du matériel des chemins de fer, de certains organes de machines soumis à des efforts considérables, etc.

L'application du procédé exige des installations bien appropriées et un contrôle étendu des résultats obtenus, au moyen de machines à essayer les matériaux.

Au point de vue de la fabrication et de l'emploi des outils, les procédés d'amélioration des propriétés de résistance de l'acier n'ont qu'une importance secondaire ; ici cette amélioration s'opère, sans qu'on ait à s'en préoccuper spécialement, par le recuit, la trempe et l'adoucissement de l'outil,

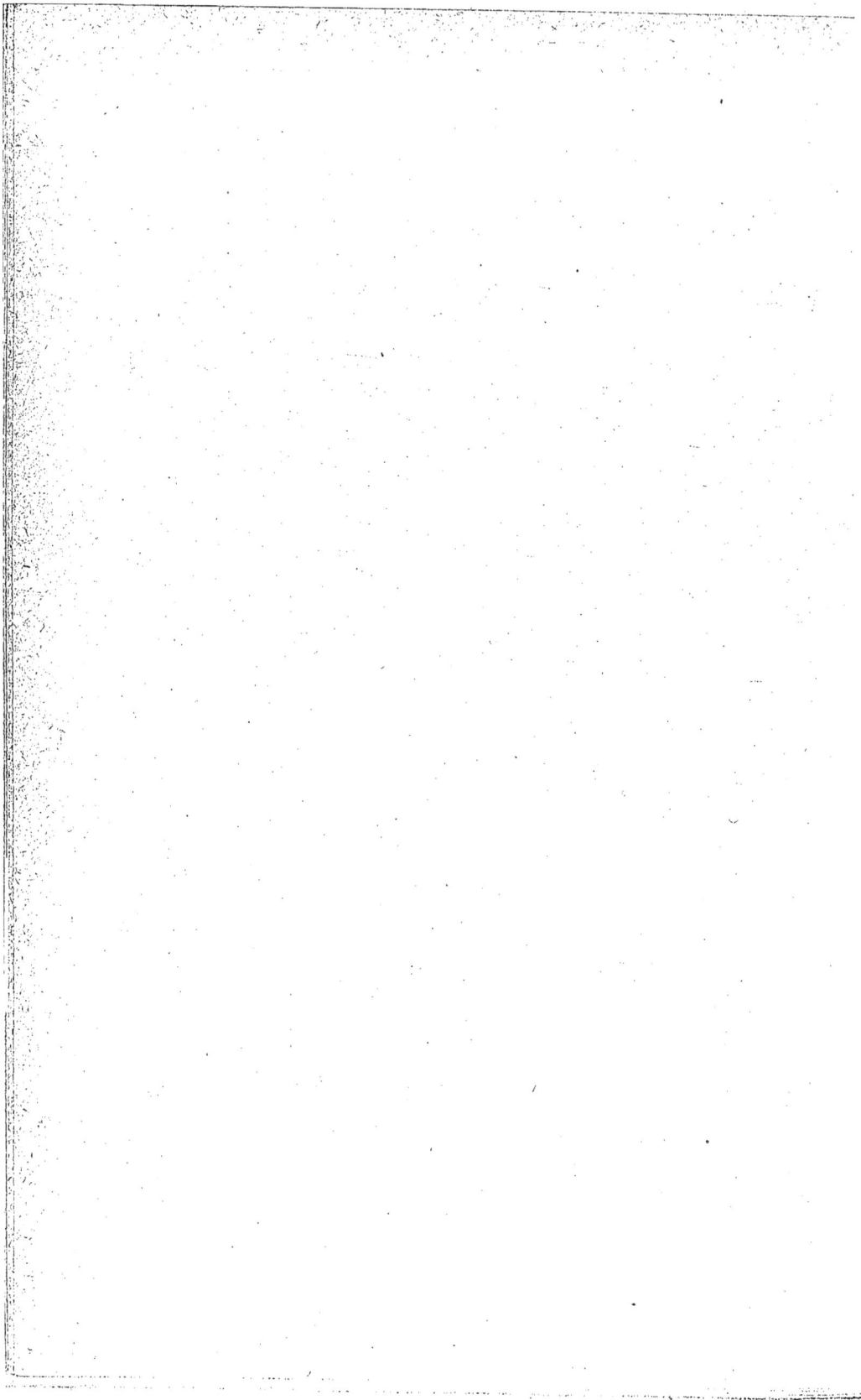

APPENDICE

Dans les usines qui pratiquent en grand la fabrication des outils, il s'agit, en général, de produire en gros des outils de même espèce. Les installations nécessaires pour effectuer les opérations du forgeage, de la trempe, du recuit, etc., sont établies à poste fixe. Les méthodes de travail adoptées résultent d'une longue expérience et tiennent compte de la nécessité où se trouvent les producteurs d'éviter tout déchet de fabrication. Ces méthodes, d'ordinaire absolument rationnelles, peuvent même, dans certaines usines, être qualifiées d'exemplaires. On peut en dire autant de l'habileté et de la pratique des ouvriers qui, dans ces usines, sont chargés d'effectuer les différentes passes de la fabrication des outils et entre lesquels le travail a été réparti de façon à ne pas trop fatiguer leur attention.

Tel n'est pas le cas dans les usines où l'on ne fabrique les outils que pour les besoins du service et où les outilleurs et ajusteurs, devant confectionner les outils les plus divers, sont en but journellement et pour ainsi dire à toute heure de la journée, à des exigences toujours nouvelles.

Dans ces usines, parmi lesquelles nous citerons les usines métallurgiques, les fabriques de machines, les ateliers de construction, la rapidité et la continuité des travaux dépend pour beaucoup de la confection irréprochable de l'outillage. On est alors obligé d'exiger des ouvriers et contremaîtres outilleurs des connaissances étendues et multiples, et les installations, pour permettre de faire face à ces exigences multiples, deviennent également complexes. Mais, dans la pratique, ces installations manquent presque partout, et là où elles existent elles sont tellement rudimentaires qu'elles deviennent plus nuisibles qu'utiles à la fabrication d'outils bien conditionnés. C'est se tromper soi-même que prétendre que de telles installations sont suffisantes et ne point vouloir admettre qu'elles conduisent à une fabrication onéreuse.

Les dispositions à adopter au cours de la fabrication des outils, pour conduire à bien les opérations du chauffage et de la trempe de l'acier, ont été étudiées dans les chapitres précédents.

La façon de conduire ces opérations dépend de la qualité, de la dureté du métal et de l'emploi qu'on se propose de faire de l'outil.

Dans ce qui va suivre, nous allons exposer la manière de forger, de recuire, de tremper et de faire revenir les outils les plus usuels.

I. — BURINS

Qualité d'acier à employer. — Les burins d'ajusteurs destinés à travailler des matières dures, qui doivent posséder des taillants résistants et ne sont soumis qu'à l'action peu intense de marteaux à main, doivent être fabriqués en acier demi-dur.

Pour les burins pneumatiques, on emploiera de l'acier dur.

Les burins destinés à travailler des matières tendres, et qu'on voudra soumettre à l'action énergique de marteaux

lourds, seront confectionnés en acier très tenace ; il en est
de même des burins à taillants longs et vifs.

Forgeage. — Ne pas dépasser le rouge cerise.

Trempe. — Chauffer au rouge sur une longueur de 15 à
20 millimètres environ à partir du tranchant, et de manière
que la température, à partir de là, aille en décroissant
graduellement. Plonger le taillant sur une longueur de 20 à
30 millimètres dans de l'eau à 18-20° C., promener l'outil
dans l'eau dans cette position, en lui imprimant un mouvement de va-et-vient dans le sens vertical ; prolonger l'immersion jusqu'à disparition de toute incandescence.

Pour pouvoir observer les couleurs de recuit, on brosse rapidement l'outil, et l'on arrêtera l'action de la chaleur interne
par une immersion rapide dans l'eau, dès que l'on apercevra la couleur violette ou bleue. (S'il y a lieu, cette immersion devra être répétée.) On peut aussi fixer le recuit en
plongeant l'outil dans de l'huile ou dans de l'eau de
savon.

Si l'on veut donner à des burins une grande ténacité, on
les fera revenir *deux fois de suite ;* après le premier recuit,
on enlèvera par brossage les couleurs de recuit, et on fera
revenir une seconde fois.

II. — TRANCHES

Acier à employer. — Tranches à chaud : acier demi-dur.
Tranches à froid : acier tenace.

Forgeage, trempe, recuit. — Comme pour les burins.

Lorsque des tranches sont frappées à coups particulièrement violents, leurs têtes subissent un refoulement d'où
résultent des bavures. On devra dans ce cas, pour faciliter

les réparations à la tête des tranches, faire emploi d'un acier se soudant bien, et l'on ne fera revenir qu'au jaune foncé ou au brun jaune.

III. — TRANCHES A DÉRIVER

DESTINÉES A ABATTRE LES TÊTES DE RIVETS AU COURS DES OPÉRATIONS DE DÉMONTAGE

Ces outils seront traités exactement comme les tranches ordinaires.

IV. — FORETS

Métal à employer. — Demi-dur à dur.

Forgeage. — Au rouge cerise bien caractérisé; chauffer autant que possible au charbon de bois.

Trempe. — Les forets minces seront chauffés bien uniformément au rouge cerise sur une longueur de 10 millimètres à partir du tranchant, et de telle sorte qu'à partir de là la température décroisse graduellement. On trempera à l'eau jusqu'à refroidissement complet. Puis on fera revenir au jaune, en chauffant l'outil *en arrière* du tranchant.

Pour les forets larges et résistants, on procédera comme pour les burins, c'est-à-dire qu'on donnera le recuit par la chaleur interne. Si la chaleur interne n'est pas suffisante, on en renforcera l'action en reportant l'outil au feu.

V. — OUTILS DE TOURS ET DE RABOTEUSES

Métal à employer. — Dur à très dur.

Forgeage. — Au rouge cerise : chauffer exclusivement au charbon de bois.

Par un forgeage trop prolongé et par des coups de marteaux trop violents, on risque de briser le métal. Après le forgeage, on devra toujours laisser refroidir les outils.

Trempe. — Chauffer lentement, en ne donnant que peu de vent, au rouge cerise à peine naissant, sur une longueur d'environ 20 millimètres à partir du tranchant, et de telle sorte qu'à partir de là la chaleur aille en décroissant bien graduellement. Tremper à l'eau, jusqu'à extinction de toute incandescence; à cet effet on plongera l'outil dans l'eau sur une longueur d'environ 30 millimètres, on le promènera dans le bain, en lui imprimant en outre un mouvement de va-et-vient dans le sens vertical. Retirer l'outil au moment voulu, le frotter à blanc, le faire revenir, par la chaleur interne, au jaune tout à fait clair; fixer le recuit à ce moment, par des immersions rapides et répétées, dans de l'eau chaude, dans laquelle on laissera l'outil refroidir lentement.

VI. — OUTILS A TOURNER LES CYLINDRES DE LAMINOIRS

A SECTION PROFILÉE SUIVANT LE CROQUIS CI-CONTRE ▓

Métal à employer. — Très dur; aciers spéciaux.

Forgeage. — Les outils à profils cannelés sont découpés dans des barres d'acier profilé, à moins qu'on ne préfère les fraiser dans des barres pleines.

Trempe. — On exige de ces outils la dureté la plus élevée qu'il soit possible d'atteindre; dureté comparable à celle du verre, ainsi que l'indique l'expression allemande *Glas-härte*. La trempe de ces outils ne sera adoucie par aucun recuit.

Le chauffage pour la trempe ne devra pas être pratiqué à feu ouvert; on chauffera soit au moufle, soit dans l'un des fours indiqués précédemment comme convenant à la chauffe de trempe.

Les outils seront portés d'abord lentement au cerise naissant; puis on les poussera rapidement à la température cerise claire pas trop accentuée. Dès que cette température aura été atteinte bien uniformément, on trempera à l'eau pure, ou, ce qui vaut mieux, à l'eau salée ou acidulée. On maintiendra les outils dans le bain de trempe jusqu'à refroidissement complet.

Ce refroidissement atteint, on retirera les outils et on les plongera soit dans un bain de sable brûlant, soit dans de l'eau chaude, où on les laissera refroidir lentement. En ce qui concerne les outils cannelés trempés en entier, le danger de rupture est considérable. Des fentes se produisent souvent, et l'on n'est jamais certain de pouvoir les éviter.

VII. — TARAUDS

Métal à employer. — Pour de petits tarauds on choisira de l'acier tenace à dur tenace; pour des tarauds plus grands, de l'acier dur tenace à demi-dur.

Forgeage. — Tourner et fraiser dans des barres pleines.

Trempe. — Quand il ne s'agit que d'un petit nombre d'outils, on les chauffera sur un feu de charbon de bois, dont on aura activé préalablement la combustion en donnant beaucoup de vent. Au moment d'introduire les tarauds, on arrête le vent et on laisse, au contact de ce feu doux, réchauffer lentement ces outils jusqu'au cerise naissant; cette température atteinte, on les portera rapidement à la température de trempe en lançant de nouveau du vent dans le brasier :

Les tarauds à profil sensiblement cylindrique sont trempés le filetage en avant; les tarauds coniques, au contraire, doivent pénétrer la tête en avant dans le bain de trempe. Les premiers devront être immergés complètement dans le bain, tandis que les tarauds coniques enseront retirés légèrement, de façon à ce que la tête reste un peu moins dure que le corps de l'outil.

Après extinction de toute incandescence, on retire les tarauds, encore fumants, du bain de trempe ; on les fera revenir par la chaleur interne. La couleur de recuit à adopter varie du jaune au brun; enfin on fixera le recuit en replongeant dans l'eau jusqu'à refroidissement complet.

Lorsqu'il s'agit de tremper un grand nombre de petits tarauds, on les emballe dans une caisse en tôle entre du charbon de bois et du charbon de cuir finement pulvérisés. On procédera à la chauffe de trempe exactement comme nous venons de le décrire pour les tarauds isolés. Puis on retirera un à un les tarauds de la caisse, et on les trempera en procédant également d'après la méthode indiquée pour les tarauds isolés.

Il est impossible, sans les exposer à un long rôtissage, de chauffer de grands tarauds (2 pouces et au dessus) au feu de maréchal ; il en résulterait une décarburation superficielle, à la suite de laquelle les dents ne prendraient plus la trempe. On évitera cet inconvénient soit en chauffant dans un four spécial les outils après en avoir recouvert les dents d'une couche protectrice de *pâte à cémenter*, soit encore en pratiquant au moufle le chauffage pour la trempe.

Si l'on est obligé de chauffer à feu ouvert, on doit serrer les outils dans une caisse en tôle garnie de charbon de bois ou de râpure de sabots.

Si, pour des outils de forte taille, on voulait faire usage

du recuit par la chaleur interne, on obtiendrait de mauvais résultats, car les dents seraient atteintes trop tard par la chaleur émise par le noyau central. Aussi doit-on procéder autrement : on refroidira aussi profondément que possible l'outil, puis, pour éviter autant que possible des ruptures, on le plongera dans un bain de sable ou dans de l'eau chaude, où on le laissera refroidir complètement.

Si pour des tarauds de petite dimension on désire ne point recuire par la chaleur interne, on les plongera également, immédiatement après refroidissement, dans un bain de sable ou dans de l'eau chaude.

On procédera ensuite au recuit en chauffant la tête des tarauds sur une flamme de gaz peu intense, ou sur une lampe à esprit-de-vin.

VIII. -- COUSSINETS DE FILIÈRES A FILETER

Métal à employer. — Même qualité que pour les tarauds.

Trempe. — Le chauffage pour la trempe s'effectuera exactement comme pour les tarauds ; quant à la trempe et au recuit, on procédera comme suit :

La forme des coussinets ne permet pas de les recuire par la chaleur interne ; aussi devra-t-on les refroidir complètement après la trempe. Pour parer aux dangers de rupture, on fera usage de liquides donnant une trempe douce : on trempera au *suif*, jusqu'à refroidissement complet. On peut aussi tremper à l'eau jusqu'à extinction de toute incandescence, puis plonger l'outil dans un bain d'huile dans lequel on le laissera refroidir complètement.

On fera revenir au rouge brun les coussinets auxquels on a donné une trempe un peu vive et au jaune ceux qui auront

reçu une trempe plus douce ; à cet effet, on posera les coussinets sur du charbon de bois faiblement incandescent, ou,
mieux, sur des plaques de fer portées au rouge.

IX. — ALÉSOIRS

Métal à employer. — Même qualité que pour les tarauds.
Trempe. — Comme pour les tarauds.

X. — FORETS HÉLICOIDAUX POUR MÉTAUX

Métal à employer. — Demi-dur à dur.
Trempe. — Le chauffage et la trempe se pratiquent
comme pour les tarauds. Cependant, pour arriver sûrement
à une température bien uniforme, on chauffera au moufle,
dans un four spécial, ou dans un bain de plomb (ou de sels).
La difficulté consiste à tremper entièrement l'outil sans qu'il
se voile.

Si l'on est absolument obligé de chauffer au feu de maréchal, on parera aux inconvénients d'un chauffage manquant
d'uniformité en ne trempant le foret que sur un tiers ou la
moitié de sa longueur ; à condition toutefois que les trous
à percer ne soient pas trop profonds. On chauffera alors
pour la trempe sur une longueur moindre, on atteindra sur
cette longueur réduite toute l'uniformité de température
désirable, et on veillera à ce que la température aille en
décroissant bien graduellement en arrière du bout chauffé.

Tremper à l'eau dans un bain aussi profond que possible ;
dans ce bain où les outils devront pénétrer verticalement,
on leur imprimera un mouvement de rotation autour de leur
axe et un mouvement de va-et-vient dans le sens vertical.

En promenant simplement le foret dans le bain, sans le faire tourner, on favoriserait le refroidissement de l'une des faces au détriment des autres, et l'on risquerait de faire voiler l'outil.

On retirera du bain de trempe les forets complètement refroidis, on les fera revenir au jaune, puis, à cette température de recuit, on les redressera par serrage sous presse.

Comme liquide de trempe, on emploie des solutions saturées de sel marin, de soude ou de sel ammoniac.

Le recuit après la trempe se pratique soit au bain de sable, soit en exposant les forets à l'action d'un feu doux de charbon de bois disposé comme l'indique le croquis figure 62.

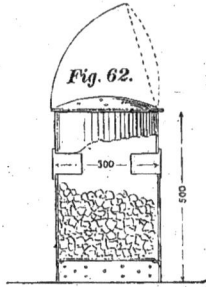
Fig. 62.

XI. — MÈCHES

Métal à employer et procédé de trempe. — Comme pour les forets hélicoïdaux.

XII. — FRAISES

Métal à employer. — Les fraises ordinaires pour métaux doux seront fabriquées en acier dur tenace à demi-dur ; pour les fraises destinées à travailler des métaux durs, et qui devront résister à des efforts considérables, on choisira de l'acier demi-dur à dur ; enfin pour les fraises à bois, de formes compliquées et n'ayant pas à résister à des efforts considérables, on prendra de l'acier tenace à doux.

Trempe. — Mêmes procédés que pour les tarauds et les alésoirs.

Pour chauffer les fraises de petites dimensions, on se servira soit d'un moufle maçonné dans un feu de maréchal,
comme l'indique la figure 3, soit, ce qui est préférable, d'un
four à tremper ou d'un four à moufle.

Si l'on doit procéder à la trempe d'un plus grand nombre
de fraises, on les emballera dans une caisse en tôle, dans
laquelle on les chauffera exactement, comme nous l'avons
dit pour les tarauds.

La température de trempe atteinte, les fraises seront
prises une à une et trempées à l'eau ; on les promènera dans
ce liquide jusqu'à refroidissement complet ; ensuite on les
plongera dans un bain de sable brûlant, avec lequel on les
laissera refroidir lentement.

On fera revenir sur des rondelles en fer portées au rouge
et de diamètre inférieur à celui des fraises ; on peut aussi
opérer le recuit au moyen d'une broche portée à l'incandescence, et qu'on passera dans l'ouverture centrale de la fraise.
On fera revenir de cette façon les contours de l'ouverture au
violet et les dents au rouge brun.

On traitera de la même manière les fraises plates de
grande taille (dont l'épaisseur ne dépasse pas le tiers du
diamètre). On les chauffera soit ou four à tremper dans
lequel elles reposeront sur des tôles, soit, ce qui est préférable, au moufle. On préservera les dents en les enduisant
de pâte à cémenter ; dans le cas d'un chauffage manquant
d'uniformité, on les soupoudrera d'une poudre à cémenter.

Toutes les fois que leur forme le permettra (par exemple
pour les fraises à planer), on garantira les fraises par des
rondelles de recouvrement. La façon de faire revenir ne
diffère point, d'ailleurs, de celle qu'on emploie pour les
petites fraises. Les fraises planes, larges et épaisses, dont
les dents se prolongent sur les faces latérales, sont exposées
à perdre leurs dents pendant la trempe, si le chauffage n'a

pas été très bien conduit. Ces fraises ne doivent pas séjourner trop longtemps dans le bain de trempe. On devra les
réchauffer le plus rapidement possible, par une action extérieure, par exemple en les plongeant dans de l'eau chaude,
ou en les recouvrant d'une couche de sable brûlant. On
devra s'assurer que pendant ce réchauffage la chaleur ne
monte pas trop haut, et, le cas échéant, refroidir par une
immersion renouvelée dans le bain de trempe.

Les grandes fraises dont l'épaisseur est plus forte que la
largeur sont rarement faites d'une seule pièce; d'ordinaire
on les sectionne comme nous l'avons décrit page 72. La
trempe de ces fraises présente des difficultés particulières;
on la pratique d'ailleurs en suivant la méthode que nous
venons d'indiquer.

Pour les fraises profilées, on cherchera, par un sectionne-
ment judicieux, à diminuer les dangers de rupture à la
trempe.

Lorsque des fraises profilées sont construites de façon à
ce que les génératrices forment des angles vifs avec les

Fig. 63.

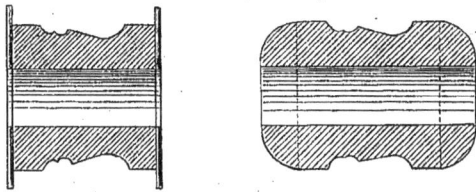

faces latérales, on pourra atténuer les dangers de rupture à
la trempe en garantissant les faces par des rondelles protec-
trices en tôle; un autre moyen consiste à arrondir les dents,
si le mode de travail de l'outil le permet (*fig.* 63).

Pendant le chauffage, il faudra surveiller très attentivement les angles vifs et les rafraîchir souvent en les saupoudrant de poudre à cémenter.

Les fraises creuses, employées très rarement, seront trempées au moyen d'un jet d'eau que l'on fera circuler sous forte charge dans la cavité.

Pour tremper les fraises, on fait usage soit d'eau ayant déjà servi à plusieurs reprises, soit de solutions de sel marin ou de sel ammoniac. Quand on doit tremper des fraises de grande taille, on recouvre l'eau de trempe d'une couche d'huile. Pourtant, si leurs dents ne présentent qu'une petite épaisseur (et une faible longueur), on ne devra pas faire usage de cette couche d'huile, parce que l'on risque de ne pas donner à ces dents un durcissement suffisant.

Les fraises à bois sont généralement des fraises profilées, de forme compliquée. En raison même de leur forme, elles sont difficiles à tremper quand on veut leur donner toute la dureté qu'elles sont susceptibles d'acquérir, quitte à atténuer ensuite cette dureté par un recuit approprié.

Il est rare que l'on exige d'une fraise à bois une dureté plus élevée que celle qui convient aux autres instruments employés pour le travail des bois ; le degré de dureté qui convient le mieux est la dureté élastique comparable à celle des ressorts (ce que les Allemands appellent *Federhärte*).

Certaines fraises à bois fabriquées en acier très dur sont employées avec succès à l'état naturel, c'est-à-dire sans avoir été trempées. Au point de vue de la facilité de l'ajustage, on préférera cependant faire choix d'aciers plus doux et se trempant bien.

Si l'on s'arrête à l'emploi d'un métal tenace, facile à tremper, on se servira d'un des liquides de trempe connus pour communiquer une trempe douce, et on mettra l'outil en service sans le faire revenir. Cette façon d'opérer donne des résultats meilleurs que ceux qu'on obtiendrait en sou-

mettant la fraise à une trempe vive adoucie après coup par
un recuit.

Comme liquide de trempe, on fera usage d'huile ou de
suif. Les fraises chauffées bien uniformément au rouge
cerise y seront maintenues jusqu'à complet refroidissement.

Un procédé peu connu est celui qui consiste à fabriquer
les fraises en acier plus dur et à faire usage, pour les tremper, de bains de métaux fondus. On trempera dans ce cas,
soit au plomb fondu (334°), au zinc (412°), à l'étain (228°).
On pourra employer aussi des mélanges dont le point de
fusion est connu, par exemple le suivant, qui fond à 230° C. :

Plomb............................... 8 parties
Étain............................... 4   —

La fraise, chauffée bien uniformément au cerise clair, sera
plongée dans le métal fondu comme dans n'importe quel
bain de trempe usuel ; on la maintiendra dans le bain
métallique pendant un temps assez court, puis on la refroidira rapidement par une immersion dans l'eau.

Les fraises trempées suivant ce procédé présentent une
dureté tenace convenant parfaitement à leur emploi et
acquièrent un mordant qui suffit largement pour le travail
du bois.

Lorsqu'on se propose de tremper au bain métallique un
plus grand nombre de fraises, il est nécessaire, pour obtenir
des résultats uniformes, de maintenir constante la température du bain. Pour mesurer cette température on fera
usage d'un pyromètre.

XIII. — FRAISES SPÉCIALES POUR TUBES

Métal à employer. — Dur tenace à demi-dur.

Trempe. — Les outils à fraiser l'intérieur des tubes seront traités comme des alésoirs ; les outils à fraiser les tubes à l'extérieur seront trempés sous un filet d'eau qui viendra frapper la cavité centrale.

XIV. — LAMES A CISAILLER LES TUBES

Métal à employer. — Dur tenace à dur.

Trempe. — Chauffer bien uniformément au rouge cerise ; tremper à l'huile, et employer les outils sans les faire revenir.

XV. — BOUTEROLLES

Métal à employer. — Doux.

Trempe. — On trempe les bouterolles de petit calibre comme les tranches. Les bouterolles de taille plus grande seront trempées sous un filet d'eau qu'on dirige sur le fond de la coquille.

On fera revenir comme pour les burins ou les tranches. Si l'on fait choix d'une qualité d'acier bien appropriée, on pourra supprimer complètement le recuit après trempe.

XVI. — MARTEAUX

(MARTEAUX A MAIN, MARTEAUX A RIVER, MARTEAUX A DEVANT, ETC.)

Métal à employer. — En général, on fait choix d'un acier de dureté peu élevée et qu'on pourra employer sans faire revenir après la trempe.

Trempe. — Si les marteaux sont longs, on pourra chauffer séparément chacune des frappes sans que la chaleur atteigne celle qui aura été trempée la première. Dans ce cas, on chauffera et on trempera chacune des frappes séparément, en procédant comme nous l'avons indiqué pour les tranches. Pour tremper des marteaux courts, on devra les chauffer en entier. Puis on commencera par tremper la frappe étroite; on la plongera dans l'eau sur une hauteur de 30 à 40 millimètres; puis, pour obtenir un durcissement décroissant bien graduellement, on la retirera légèrement et on la maintiendra ainsi jusqu'à refroidissement complet. La frappe large conserve assez de chaleur pour pouvoir être trempée au jet d'eau ascendant. Pendant cette opération, la frappe étroite, trempée la première, devra être rafraîchie à l'aide de chiffons mouillés pour éviter qu'elle ne se détrempe. Si l'on trempe la frappe large non plus au jet d'eau ascendant, mais sous un filet d'eau, on pourra, pendant le temps que durera cette opération, maintenir sous l'eau la frappe étroite, au moyen d'un récipient plein d'eau, placé sous le marteau.

Pendant les opérations de trempe que subissent les deux frappes, la partie médiane perd suffisamment de chaleur pour qu'on puisse sans danger terminer le refroidissement en plongeant rapidement et à plusieurs reprises le marteau dans l'eau.

XVII. — ÉTAMPES

(COULISSEAUX A PANNES MOBILES DE MARTEAUX OU D'ENCLUMES)

Métal à employer. — Très tenace à dur, selon le mode d'emploi de ces outils et les effets auxquels ils doivent résister.

Trempe. — Les coulisseaux à frappe plate ou dont les frappes présentent des parties saillantes doivent être chauffés au feu de forge de telle façon que la frappe à tremper soit atteinte par la chaleur après toutes les autres régions de la pièce.

Le brasier qui doit recevoir le coulisseau a été préalablement chargé d'une forte quantité de combustible; en activant la soufflerie, on y a créé une zone étendue à température uniforme. Ceci fait, on présente le coulisseau au feu de façon que la queue aille à l'encontre du vent, et on ralentit la soufflerie de manière à ne plus maintenir que l'incandescence exactement nécessaire pour chauffer lentement. Dès que la pièce tout entière se trouve ainsi portée bien uniformément au rouge sombre, on la retourne et on chauffe rapidement la frappe à la température à laquelle on veut la tremper. On s'efforcera de ne pas en surchauffer les coins, pour éviter que ceux-ci n'éclatent au moment de la trempe.

Pendant la chauffe, on grattera la couche de battitures qui se sera formée sur la frappe, et on saupoudrera celle-ci de poudre à cémenter pour en combattre l'oxydation.

L'outil convenablement chauffé sera trempé à l'eau; à cet effet, on le placera sur des supports, la frappe tournée vers le bas, dans une cuve alimentée par le fond, d'eau arrivant sous une forte charge. (Voir *fig.* 47 et 50.)

La frappe baignera dans l'eau d'environ 30 à 40 millimètres, jusqu'à ce que la portion émergeant de l'eau n'ait plus que la température correspondant au rouge naissant. A ce moment on retirera la frappe d'environ 15 à 20 millimètres pour ménager une zone de transition bien graduée entre la frappe et le corps de la pièce. On maintiendra l'outil dans cette position jusqu'à refroidissement complet.

Ce procédé, applicable à la trempe des étampes en acier

doux, devra subir une modification quand on voudra l'employer pour tremper des étampes en acier dur.

Dans ce cas on interrompra la trempe dès que la frappe aura perdu son incandescence; on retirera de l'eau l'étampe, on en brossera la surface et on fera revenir au jaune ou au rouge brun, en utilisant la chaleur interne. Ceci fait, on terminera le refroidissement, comme nous venons de le décrire précédemment.

Les étampes dont la frappe est sillonnée de gravures profondes ne peuvent plus être trempées à l'eau ascendante, car, par ce procédé, on risque de ne pas durcir le fond des sillons. On trempe ces étampes sous un filet d'eau qu'à l'aide d'une pomme d'arrosoir de forme et de taille appropriée on fait tomber en pluie répartie bien uniformément, sur toute la surface à tremper.

Il est avantageux d'employer une pomme à deux tuyaux d'alimentation, et l'on doit avoir soin de faire arriver l'eau sous forte charge.

Dès que, sous l'action de la pluie d'eau, la frappe se trouvera trempée assez profondément, on fermera le robinet d'alimentation, et on laissera revenir la frappe par la chaleur interne. Ceci fait, on ouvrira de nouveau le robinet et on inondera la pièce jusqu'à refroidissement complet.

Pour les marteaux à grande vitesse, travaillant à petits coups, et pour les pannes à frappe très étroite, on pourra faire emploi d'acier dur. Au contraire pour les pannes à frappe large, les étampes et dans le cas de marteaux pesants, on devra employer un métal aussi tenace que possible. Les étampes en acier dur sont plus exposées à se fendre pendant la trempe; elles éclatent souvent pendant qu'elles sont en service.

Souvent les accidents proviennent de causes extérieures : par exemple les étampes ont été mal montées et viennent frapper obliquement l'une sur l'autre ; ou bien on a négligé, avant de les mettre en service, de les laisser se réchauffer de part en part.

Si, bientôt après la mise en service des étampes, on voit apparaître à la surface des frappes des fentes très fines normales aux arêtes ou rayonnant dans toutes les directions, on en pourra conclure généralement que la couche trempée n'est pas assez profonde. Le métal qui fait suite à cette couche trempée est vite refoulé pendant le travail de l'étampe; il s'en suit une déformation à laquelle l'écorce dure ne peut se prêter sans se fendiller en tous sens.

XVIII. — CISAILLES CIRCULAIRES

Métal à employer. — Tenace.

Trempe. — Le chauffage pour la trempe se pratiquera comme pour les fraises plates. Les outils seront maintenus dans le bain de trempe jusqu'à refroidissement complet. Puis on les plongera soit dans l'eau chaude, soit dans un bain de sable. On fera revenir au rouge brun les tranchants circulaires, en ayant soin d'opérer de telle façon que sur tout le contour tranchant de ces outils la couleur de recuit se propage bien uniformément.

XIX. — LAMES DE CISAILLES

Métal à employer. — Les lames de cisailles longues qui servent à découper les tôles, et les lames courtes destinées à cisailler à froid le fer ou l'acier et qui doivent pouvoir résister à des efforts considérables, sont fabriquées en métal tenace.

Les petites lames destinées plus spécialement à trancher, sont faites en acier dur tenace à dur.

Les lames de cisailles pour le découpage à chaud sont généralement employées à l'état naturel, c'est-à-dire non trempées.

Trempe. — Pour les petites lames, le chauffage s'effectue le mieux au four à tremper ou au four à moufle. Si l'on veut chauffer au feu de maréchal, on se servira d'un feu à deux ou trois tuyères, et on chargera du charbon de bois.

Les lames minces doivent être portées progressivement au rouge cerise très uniforme; on aura soin de ne pas surchauffer les coins; si l'on n'y prend garde, ceux-ci éclateront pendant la trempe, suivant un contour curviligne.

Pour tremper, on plongera les lames dans l'eau en les maintenant verticales; si le métal employé est dur, il faudra boucher préalablement avec de l'argile sèche les orifices, rainures et trous à boulons, etc.; si les lames sont fabriquées en acier tenace, cette précaution est superflue.

Pour tremper des lames courtes et minces, on commence par en chauffer les tranchants uniformément au rouge cerise, et de telle sorte que la température aille en décroissant bien graduellement en arrière des taillants. Puis on les plongera, le taillant en avant, dans de l'eau dans laquelle on les maintiendra jusqu'au moment où la chaleur interne suffit encore pour les faire revenir à des couleurs variant du rouge pourpre au violet. Ceci fait, on replongera les lames dans l'eau jusqu'à refroidissement complet. Lorsque le métal dont sont fabriquées ces lames est de l'acier très tenace, on peut, après leur avoir donné la trempe partielle, les mettre en service avec toute la dureté que leur a communiqué la trempe, c'est-à-dire sans les faire revenir.

Une autre façon de procéder pour tremper des lames de cette espèce consiste à les chauffer et à les tremper entièrement. Le recuit se pratiquera en chauffant les dos des lames dans du sable, du plomb, ou sur un feu doux de charbon de bois.

Le chauffage des lames de forte taille offre de grandes difficultés; il doit être d'une uniformité absolue, si l'on veut éviter que les outils ne se voilent pendant la trempe.

C'est au feu de forge que les lames de cisaille sont le plus difficile à chauffer. Si on veut en faire usage, il faut souffler à plusieurs tuyères placées l'une à côté de l'autre, et compléter la construction de la chaufferie par un chapeau qui permette de mieux concentrer la chaleur. (Voir *fig.* 2.)

Dans tous les cas où on pourra le faire, il sera préférable d'employer un four au charbon de bois, par exemple celui que représente la figure 7. Ce four permettra de communiquer à la lame, dans toute son étendue, une température bien uniforme.

On aura soin de chauffer d'abord les dos des lames, et ensuite seulement, vers la fin de la chauffe, les taillants, de manière qu'au moment de tremper ce soient ces derniers qui présentent la plus haute température.

Pour pratiquer la trempe, on saisira les lames par leurs extrémités et on les plongera, le dos en avant, dans l'eau, où on les maintiendra jusqu'à refroidissement complet.

On recuira au bain de plomb, dans lequel les lames devront également pénétrer le dos en avant. On peut faire revenir aussi au bain de sable. Si l'on ne dispose ni de l'un ni de l'autre de ces moyens, on pourra procéder comme suit :

On alignera sur le sol, à une distance d'environ 15 centimètres l'une de l'autre, deux rangées de briques; sur ces briques on établira, au moyen de barrettes de fer, une grille, et sur cette grille on placera, dans les mêmes alignements que les premières, deux autres rangées de briques. Le massif ainsi formé sera fermé à ses extrémités par des murettes en briques et devra être un peu plus long que les lames elles-mêmes.

La figure 64 indique cette disposition.

Fig. 64.

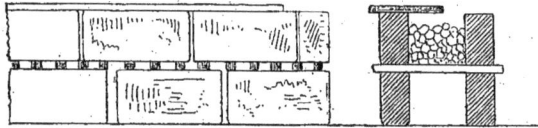

Sur la grille on chargera du charbon de bois porté préalablement à l'incandescence sur un feu de maréchal; ceci fait, le dos en avant, on exposera une à une, à l'action du brasier les lames à recuire, en les présentant le dos en avant. En avançant et en reculant les lames pendant le chauffage, et en humectant à l'aide de chiffons humides les régions trop échauffées, on arrivera à recuire bien uniformément.

Cependant ce procédé donne des résultats moins certains que ceux que nous avons décrits auparavant et que l'on devra adopter de préférence toutes les fois qu'on le pourra.

XX. — COUTEAUX DE PAPETERIE
LAMES POUR FENDRE LE CUIR, RABOTS ET LAMES DE MACHINES A BOIS

Métal à employer. — Tenace à demi-dur.

Trempe. — Le chauffage pour la trempe, la trempe et le recuit se pratiqueront comme pour les lames de cisaille.

Pendant le chauffage, il faudra veiller avec soin à ne pas surchauffer les traillants et à maintenir constamment une uniformité de température suffisante pour que les outils ne se voilent pas lors de la trempe.

Le redressement de ces outils très difficiles à tremper se pratiquera pendant le recuit, et à la température de recuit la plus élevée.

Ces outils devant posséder un mordant tenace et durable, convenant au travail des matières tendres, mais n'ayant pas besoin d'être très durs, on préfère généralement les tremper au suif ou à l'huile de poisson, pour écarter le plus possible les dangers de rupture ou de déformation.

XXI. — EMPORTE-PIÈCES
POUR CUIR (SEMELLES ET TALONS), PAPIER, CARTON, ETC.

Métal à employer. — Acier fondu se soudant bien, ou acier soudé.

Trempe. — Le procédé le moins aléatoire consiste à chauffer au moufle, au rouge cerise bien caractérisé, les lames que l'on aura préalablement recouvertes d'une pâte à cémenter pour garantir les tranchants contre tout surchauffage. Quand les lames auront atteint bien uniformément la température de trempe, on les trempe le dos en avant, à l'huile ou au suif.

On fera revenir en posant les lames avec leur dos sur du sable brûlant, du plomb fondu, ou sur des plaques de fer portées au rouge. La couleur du recuit à adopter varie du jaune au violet.

XXII. — LAMES CIRCULAIRES POUR MATIÈRES TENDRES, SIMPLES, PLATES
ET REBORDS (CISAILLES PAPIER)

Métal à employer. — Tenace à dur tenace.

Trempe. — Les outils de petite taille sont chauffés au moufle au rouge cerise bien uniforme, puis trempés au suif,

Le recuit se pratique comme pour les cisailles circulaires.

Les plateaux de grand diamètre seront chauffés également au rouge cerise ; on devra veiller à ce que les bords recourbés des lames à rebords n'atteignent leur pleine température qu'à la fin de la chauffe, et que celle-ci soit bien uniforme, sans quoi des déformations deviendraient inévitables.

Pour tremper on fera usage d'un récipient large et étroit muni d'échancrures permettant d'y passer un arbre de rotation sur lequel on emmanchera le plateau à tremper. On trempera à l'eau, en faisant tourner rapidement le plateau dont les bords baigneront dans le liquide plus ou moins profondément, selon la largeur que l'on veut donner à la zone trempée. Pour ménager entre les bords trempés et la partie centrale, qui doit rester à l'état naturel, une zone de transition bien graduée, on recouvrira l'eau d'une couche d'huile d'épaisseur convenable.

XXIII. — ÉTAMPES ET MATRICES DÉCOUPEUSES

Métal à employer. — Pour les étampes on fera usage d'un métal un peu plus dur que pour les matrices ; on choisira pour les étampes du métal dur tenace à demi-dur, et pour les matrices inférieures du métal tenace à dur tenace.

Forgeage et recuit. — Tout surchauffage des tranchants et des arêtes étant essentiellement nuisible devra être évité soigneusement. Le recuit a pour but de rendre l'acier plus facile à travailler à froid ; pour éviter la décarburation partielle de la surface et des bords, on recuira ces outils dans des caisses garnies de charbon de bois pulvérisé ou de râpure de sabots.

Trempe. — Pour la trempe des étampes, on observera que, dans presque tous les outils de cette catégorie, ce sont les bords qui ont à supporter l'effort; ces bords agissent comme des lames de cisaille et doivent posséder des tranchants tenaces à mordant durable. On chauffera ces outils par leur face postérieure, jusqu'à ce qu'ils soient arrivés au rouge naissant bien uniforme; puis on portera, en ayant soin de ménager une zone de transition convenable, la partie tranchante à la température de trempe.

La trempe se pratiquera comme pour les outils de tour, en plongeant les outils plus ou moins profondément dans le bain de trempe (selon le développement que l'on veut donner à la région trempée), puis en recuisant par la chaleur interne emmagasinée dans la partie postérieure encore rouge. Les couleurs de recuit à adopter sont comprises entre le jaune foncé et le violet. On peut aussi, mais cette façon de procéder est employée plus rarement, tremper entièrement les outils puis les faire revenir en les chauffant à nouveau par leurs faces postérieures. Les matrices, fabriquées en acier plus doux ne sont d'ordinaire pas bien hautes. On chauffera au rouge cerise uniforme les matrices courtes en ayant bien soin d'en garantir les arêtes tranchantes intérieures soit contre la décarburation en les enduisant d'une pâte, soit contre le surchauffage en le saupoudrant d'une poudre à cémenter.

Dès qu'elles seront chauffées à point, les matrices seront trempées entièrement par immersion complète verticale dans le bain de trempe.

Si l'acier est très doux, on mettra les matrices en service avec toute la dureté que leur aura communiquée la trempe. Les matrices en acier plus dur seront recuites. A cet effet on les posera sur des plaques de fer portées à l'incandescence, et on fixera le recuit dès que la surface active sera revenue au jaune.

Les matrices de plus grande épaisseur ne seront pas trempées

entièrement. On les trempera sous un filet d'eau qui devra
frapper énergiquement la surface et l'ouverture centrale. La
manière d'opérer est la même que celle qui a été décrite
pour les étampes.

Si l'on observe que les arêtes des matrices s'émiettent, on
en doit attribuer la cause à l'emploi d'un métal trop dur. La
formation de fentes très fines, sur la surface de travail, provient de ce que la trempe n'a pas atteint des couches assez
profondes.

XXIV. — COINS A FRAPPER

Ces outils se distinguent des précédents par leur mode
d'action; ils ne sont point destinés à trancher, mais à
reporter sur les surfaces métalliques sur lesquels on les presse
des empreintes plus ou moins profondes.

Métal à employer. — Demi-dur à très dur; emploi d'aciers
spéciaux fabriqués spécialement à cet usage.

Trempe. — Les coins à frapper inférieurs et supérieurs
travaillant dans les mêmes conditions de fatigue doivent
être fabriqués en métal de même degré de dureté, et on les
trempera suivant le même procédé.

Pendant le chauffage des coins on devra veiller, avec le plus
grand soin, à ce que les surfaces gravées ne soient ni décarburées ni recouvertes d'oxydes de battitures.

Or, ces outils étant généralement de grande taille, et
devant être trempés en entier, la durée du chauffage est assez
longue, et les dangers de décarburer (dénaturer) ou d'oxyder
le métal sont considérables.

On évitera ces accidents en ne chauffant jamais ce genre
d'outils autrement que dans des caisses garnies de râpures
de cornes et de sabots.

On évitera l'emploi du charbon de bois et du charbon de cuir, dont l'action, vu la durée du chauffage, deviendrait trop cémentante.

La façon de procéder pour opérer la trempe proprement dite a été décrite page 70.

XXV. — POINÇONS ET MATRICES DE MACHINES A POINÇONNER

Métal à employer. — Pour les matrices on prendra de l'acier tenace à dur tenace.

Pour les poinçons destinés à poinçonner les métaux en lames minces, et qui agissent, par suite, à la façon des étampes découpeuses, l'acier dur tenace à demi-dur, conviendra le mieux. Enfin pour des outils à poinçonner des pièces épaisses en métal dur, on fera choix soit d'acier demi-dur à dur, soit d'aciers spéciaux destinés spéciale-ment à cet usage.

Le forgeage et la trempe des matrices et des poinçons de la première catégorie se pratiquent exactement comme s'il s'agis-sait d'étampes découpeuses. Par contre, les poinçons des-tinés à résister à des efforts considérables, ceux par exemple dont on fait usage dans la construction du matériel des che-mins de fer pour poinçonner les selles et les éclisses, demandent un traitement spécial, dont nous allons parler.

Il sera préférable de ne pas forger la partie active du poinçon, mais de l'ébaucher au tour, puis de lui donner, à la lime, sa forme définitive. Pendant la chauffe de forgeage, la partie la plus fatiguée du poinçon est exposée à se sur-chauffer. D'autre part, au cours du forgeage, on est obligé de faire subir au métal un refoulement, pour élargir la face de travail ; de là résulte un abaissement de la cohésion dans la région la plus fatiguée. Le feuilletage concentrique qui se produit pendant que l'outil est en service n'a pas d'autre cause.

Le chauffage pour la trempe pourra s'opérer au feu de maréchal à condition d'alimenter ce dernier exclusivement au charbon de bois. Mieux vaudra cependant chauffer au moufle. On commence par chauffer la partie épaisse du poinçon ; puis, quand celle-ci aura atteint le rouge cerise, on portera à la température de trempe la partie active, qui pendant la première phase de la chauffe aura eu le temps de se réchauffer. On évitera soigneusement tout surchauffage des angles vifs et des arêtes ; à cet effet on les rafraîchira soit en les tamponnant avec un chiffon humide, soit en les saupoudrant de poudre à cémenter si l'on constatait un échauffement prématuré ou trop rapide.

Pour *tremper*, on plongera verticalement dans l'eau le poinçon de façon à ce que la partie épaisse plonge dans le liquide de 30 à 40 millimètres ; l'outil devra être promené dans le bain jusqu'à ce que toute la portion immergée soit complètement refroidie ; on fera revenir ensuite au bleu cette portion de l'outil, en utilisant la chaleur interne accumulée dans la partie épaisse qui n'a pas subi la trempe. Si l'outil a été porté à une température un peu trop élevée, et qu'il a, par conséquent, reçu une trempe très vive, on fera revenir deux fois. Une lime fine doit à peine glisser sur la partie recuite.

Pendant le travail auquel ils sont affectés, les poinçons de cette espèce subissent des élévations de température très considérables ; si on ne les refroidit pas, ou si on ne les refroidit qu'avec de l'eau, il peut arriver que le métal poinçonné vienne se coller par soudage sur la partie active de l'outil et la recouvre d'une couche métallique très adhérente.

On devra, par conséquent, se servir d'huile pour refroidir l'outil.

Avant de mettre les poinçons en service, on devra à chaque fois les réchauffer sur des charbons ardents; ils devront être bien pénétrés par la chaleur et prendre une température telle qu'on puisse tout juste les tenir en main. Une façon de procéder plus recommandable consiste à laisser séjourner les poinçons pendant un certain temps dans de l'eau chaude, ou pendant un temps plus court dans de l'eau bouillante.

XXVI. — BROCHES

POUR L'ÉTIRAGE DES DOUILLES MÉTALLIQUES ET DES TUBES

Métal à employer. — Dur tenace à tenace.

Trempe. — Le chauffage uniforme se pratiquera facilement au moufle. Pour la chauffe de trempe l'usage de bains de sels fondus est à recommander tout particulièrement. (Voir page 90.)

On trempera à l'eau, en immergeant complètement les outils dans le bain. Il sera avantageux d'additionner l'eau de substances salines. On fera revenir, soit en chauffant les têtes des broches sur une flamme de gaz ou d'esprit de vin, soit en les plongeant dans du plomb fondu.

XXVII. — FILIÈRES

Métal à employer. — Dur.

Trempe. — Les filières seront chauffées entièrement pour garantir les surfaces actives, intérieures, de ces outils contre la décarburation; on aura recours aux pâtes et aux poudres à cémenter. Les filières étroites seront trempées complètement. Les filières larges, à orifices étroits, recevront la trempe au moyen d'un courant d'eau qu'on laissera sous bonne pression à travers l'orifice.

XXVIII. — PIVOTS ET CRAPAUDINES

Métal à employer. — Demi-dur à dur.

Trempe. — Les pivots sont trempés sur leurs surfaces actives d'après le procédé indiqué pour les étampes découpeuses ; si ces surfaces sont larges, on trempera sous un filet d'eau ; puis on fera revenir, en s'arrêtant à des couleurs de recuit comprises entre le jaune clair et le jaune paille. Les crapaudines sont trempées en entier ; à cet effet, on les expose, l'ouverture tournée vers le bas, à l'action refroidissante d'un jet d'eau ascendant énergique. Les crapaudines profondes doivent être trempées sous un jet d'eau qui viendra frapper vigoureusement leur cavité.

On recuira sur un feu couvant de charbon de bois, ou bain de sable ou sur une plaque de fer portée au rouge.

XXIX. — OUTILS DE TAILLEURS DE PIERRE

Ici le choix du métal à employer ne dépend point seulement du genre de l'outil, mais encore du degré de dureté de la pierre que l'on se propose de travailler.

Les outils de cette catégorie ont les formes les plus diverses, mais la confection en est généralement facile, et les opérations de trempe et de recuit auxquelles on les soumet ne présentent pas de difficulté et s'effectuent sans beaucoup de soins.

Presque tous les outils de tailleurs de pierre doivent résister aux coups et aux chocs ; comme ils ne sont que rarement trempés entièrement, les instructions données pour la trempe des burins, des tranches et des marteaux, retrouvent ici une nouvelle application.

Si l'on fait usage d'acier dur, on devra naturellement le traiter de façon prudente et éviter tout surchauffage.

XXX. — OUTILS DE CLOUTIERS

Les outils de cloutiers doivent répondre aux exigences les plus variées. On tiendra compte de ces exigences dans le choix du métal à employer et dans celui du procédé de trempe.

Les dispositions à prendre pour la trempe et le recuit doivent être étudiées avec d'autant plus de soin que c'est de la qualité de l'outil que dépendra le rendement des machines, et que cet outil ne peut fournir une quantité de travail constamment satisfaisante que si la trempe qu'il a reçue a été constamment bonne.

La diversité des efforts qu'ils ont à supporter et la variété des usages auxquels on les destine sont trop grandes pour que nous puissions passer en revue en détail les procédés de trempe à appliquer à ces outils. Disons seulement que tous les procédés à employer et toutes les dispositions à prendre pour l'application de ces procédés ont été décrits dans le présent ouvrage.

XXXI. — BILLES ET BOULETS

Métal à employer. — Demi-dur à dur.

Trempe. — Les billes pour les paliers à bille de machines à grande vitesse devront, après trempe, posséder une surface extérieure bien lisse et dure comme du verre.

Les billes de petit calibre seront chauffées par lots, au moufle, puis on les trempera en les laissant tomber dans une cuve pleine d'eau et aussi profonde que possible. Cette opération, fort simple, donnera des résultats de trempe très satisfaisants, sans qu'aucune rupture ne soit à craindre.

Par contre, la trempe des boulets de calibre plus grand offre certaines difficultés provenant soit du chauffage, qui doit être bien uniforme, soit de ce fait que les efforts de tension qui se manifestent de toutes parts sont dirigés vers un même point et peuvent engendrer des ruptures ; il peut arriver ainsi soit que l'écorce trempée se sépare, soit que les pièces trempées éclatent de l'intérieur à l'extérieur. En jetant simplement ces boulets dans le bain de trempe, ceux-ci, en traversant le bain, ne céderaient pas assez rapidement leur chaleur ; d'autre part, au contact des parois de la cuve à tremper, ils ne sauraient durcir uniformément. On est donc obligé, dans le cas de boulets de gros calibre, de pratiquer la trempe en promenant les boulets dans la cuve à tremper.

Si à cet effet on se servait de tenailles ordinaires, celles-ci pourraient laisser des empreintes sur l'écorce des boulets, et la trempe de ceux-ci manquerait d'uniformité aux points de contact de leur écorce et des mâchoires des tenailles. Pour parer à ces inconvénients, on se sert de tenailles dont les mâchoires, en fil de fer, ont la forme de paniers ; à l'aide de ces outils on peut saisir les boulets incandescents sans les serrer et les promener dans le bain de trempe de manière à permettre au liquide de les baigner de toutes parts (*fig.* 65). L'appareil de la figure 66 permet également de tremper bien uniformément. Il se compose d'une cuve à deux fonds, distants l'un de l'autre de 15 centimètres. Le fond supérieur est formé d'une tôle perforée ondulée comme l'indique le croquis. A environ 1 à 2 centimètres au-dessus

de ce fond, débouchent un certain nombre de tuyaux
(quatre ou plus) qui amènent obliquement de l'eau sous forte
pression. La cuve à tremper est munie, à sa partie supérieure,
d'un trop-plein ; l'arrivée de l'eau est commandée par une

Fig. 65.

vanne. Avant de commencer l'opération, on ouvre la vanne,
puis on jette le boulet incandescent dans le liquide fortement agité ; le boulet tombera au fond et sera maintenu constamment en mouvement par le liquide. Si on laissait
refroidir complètement les boulets dans le bain de trempe,
on aurait à enregistrer beaucoup de ruptures. On évite

Fig. 66.

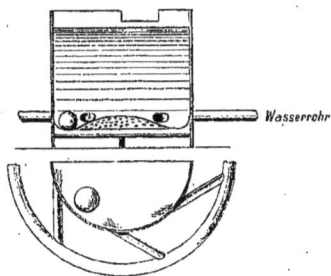

Wasserrohr

celles-ci, en retirant les boulets du bain avant que leur
noyau central se soit complètement refroidi, et en les portant dans du sable chaud, de l'eau chaude, ou simplement
au feu. On égalisera de cette façon les températures et on
neutralisera les tensions.

Les boulets forgés (par opposition aux boulets tournés) doivent toujours être recuits avant la trempe, de façon à annuler les tensions de forgeage qui se produisent au cours du refoulement que doivent forcément subir les angles vifs et les arêtes des blocs cylindriques ou cubiques auxquels on veut donner la forme sphérique.

Ce recuit sera pratiqué ainsi qu'il a été dit page 45.

XXII. — CYLINDRES DE LAMINOIRS

La trempe des cylindres qu'il faut fabriquer en acier très dur, parce que leur écorce doit posséder une dureté uniforme comparable à celle du verre, est un des problèmes les plus compliqués du domaine de la trempe.

Nous allons décrire, en prenant un exemple, la façon de procéder pour tremper un cylindre de grande taille.

Lors de la construction du cylindre, on s'est préoccupé

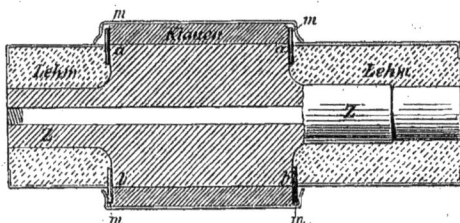

Fig. 67.

déjà de diminuer les dangers de ruptures de l'intérieur à l'extérieur; à cet effet, on a perforé le cylindre sur toute sa longueur. Toute la surface extérieure aa, bb (fig. 67) doit être trempée. Les tourrillons r, r doivent, au contraire, rester aussi doux et aussi tenaces que possible.

Avant de commencer à chauffer, on enveloppe les tourillons r, r d'une couche d'argile ou de glaise, à laquelle on donne
du liant en y ajoutant du poil de vache ; pour éviter que ces
matières ne s'effritent par suite du retrait, on y mélange du
graphite, de la farine de briques réfractaires, etc. Le
mélange ainsi formé sera pilonné entre les tourillons et des
gaines en tôle que l'on aura passé par dessus et dont le diamètre sera égal à celui de la plus forte section du cylindre.
Enfin en m, m on disposera des rondelles en tôle qui dépasse-
ront la surface du cylindre. La cavité centrale enfin, filetée
aux deux extrémités, sera bouchée par des tampons en
argile qui pénétreront jusqu'au bout du filetage.

Le chauffage du cylindre peut durer plusieurs heures. On
observera que pendant ce laps de temps, à moins de
mesures préventives, la surface du cylindre sera exposée,
d'une part, à l'action nuisible des produits de la combustion,
et de l'autre à la décarburation. Pour éviter ces inconvénients, on passera sur le cylindre une gaine en tôle d'un
diamètre un peu plus grand ; on serrera dans l'espace annulaire ainsi formé de la râpure de corne ou de la suie ; puis
on recourbera, comme l'indique le croquis, les deux extrémités de la gaine.

Ceci fait, on pourra enfourner le cylindre dans la région la
moins chaude d'un four à réverbère suffisamment large.
L'emploi du four à réverbère s'impose, car d'autres dispositions, celles, par exemple, qu'exigerait le chauffage au charbon de bois, ne sont guère pratiques, quand, comme c'est
ici le cas, il faut pouvoir tourner et retourner le cylindre
pour l'amener à température uniforme.

Le four à réverbère à adopter doit posséder une sole aussi
longue que possible pour que la température puisse aller
en augmentant bien graduellement quand on se rapproche
du foyer.

On roule peu à peu le cylindre vers les régions les plus chaudes et on le retourne d'autant plus souvent que la température à laquelle il est parvenu est plus élevée. Lorsqu'on jugera que cette température aura atteint le degré voulu pour la trempe, on vissera un crochet sur l'orifice fileté à l'extrémité du tourillon ; à l'aide de ce crochet, on pourra alors suspendre le cylindre à une chaîne et le débarrasser de ses enveloppes en tôle ; puis, au moyen de brosses métalliques, on nettoiera les surfaces des râpures de sabots

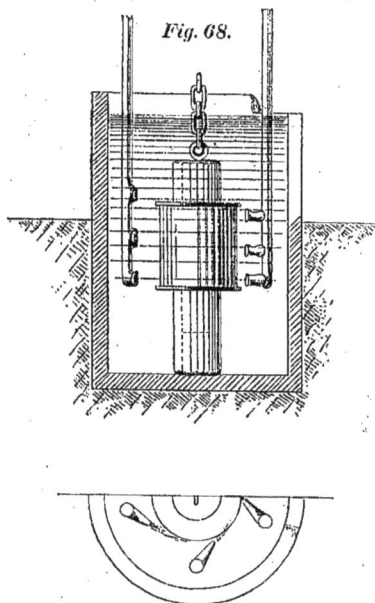

Fig. 68.

qui auraient pu y adhérer. Ceci fait, le cylindre sera plongé dans le bain de trempe, disposé près du four.

Comme il ne serait pas possible de refroidir uniformément un cylindre de grandes dimensions, en le promenant dans l'eau, c'est à cette dernière qu'on imprime un mouvement énergique, tandis que le cylindre reste en repos.

On atteint ce but par l'emploi du dispositif représenté sur la figure 68. On fera choix d'une cuve de profondeur suffisante et de diamètre égal à deux ou trois fois celui du cylindre. Dans cette cuve on fera descendre des conduites d'eau munies de tubulures par lesquelles l'eau, sous forte charge, s'échappera obliquement.

Ces tubulures seront hautes et étroites ; elles devront être nombreuses et réparties à différents niveaux, de telle façon que l'eau tourbillonne énergiquement autour du cylindre. La figure 68 indique la façon de procéder. On exposera pendant plusieurs heures le cylindre au refroidissement par l'eau tourbillonnante, puis on le maintiendra encore pendant un temps suffisamment long dans l'eau en repos.

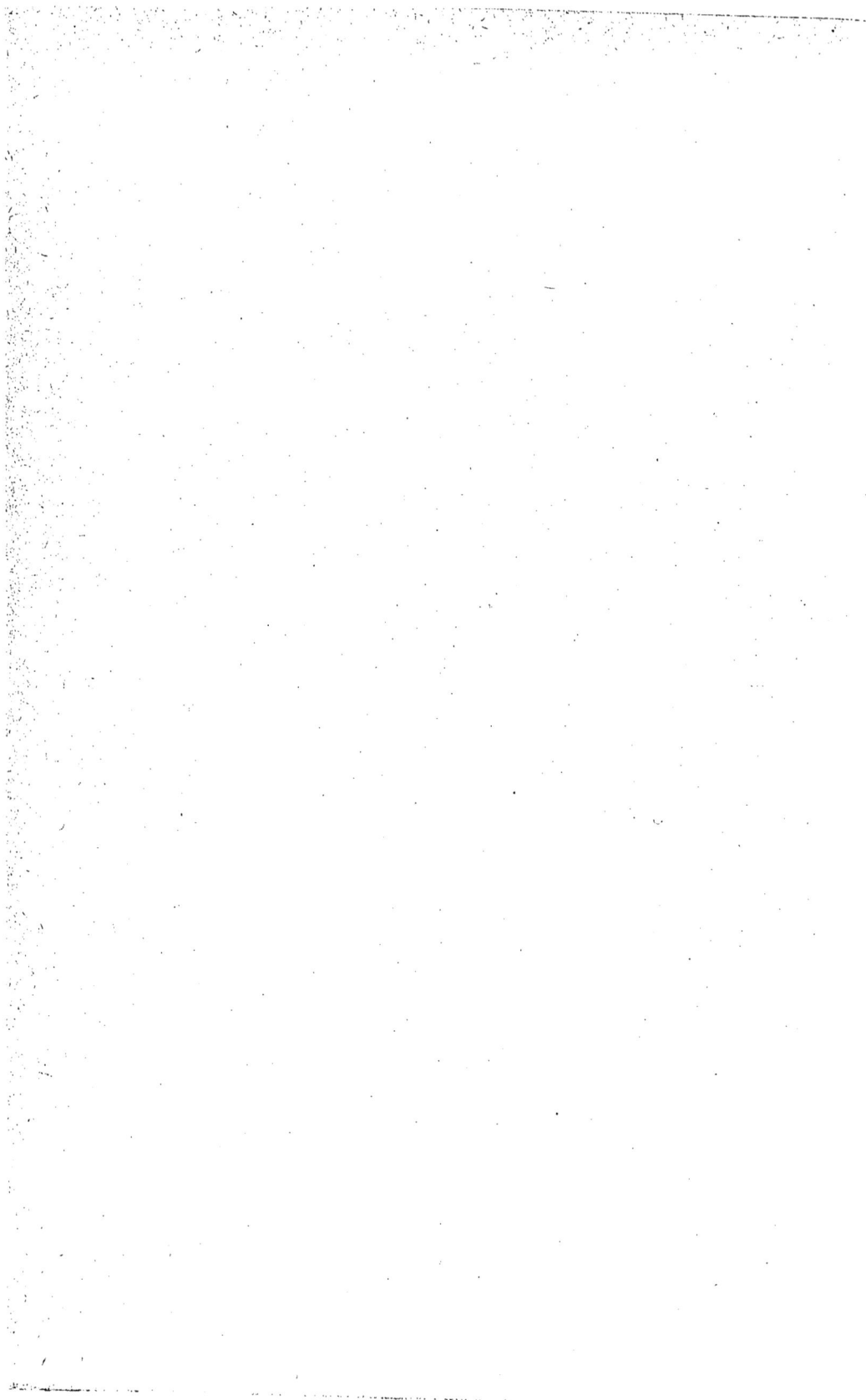

TABLE DES MATIÈRES

Observations relatives à la cassure des aciers et à leur structure à l'état normal ou trempé

Pratique du chauffage de l'acier

Appareils pour le recuit de l'acier

Appareils affectés à la trempe de l'acier

La trempe de l'acier à outils

La trempe des outils qui doivent être entièrement trempés

Trempe des outils qui ne doivent recevoir qu'un durcissement local

Procédés employés et dispositions à prendre pour le refroidissement dans les bains de trempe

Des liquides employés à la trempe de l'acier

Tours, imprimerie DESLIS FRÈRES,

CATALOGUE DE LIVRES

SUR

LA MÉTALLURGIE, LA GÉOLOGIE

LA CHIMIE, L'EXPLOITATION DES MINES

L'ÉLECTRICITÉ ET LA MÉCANIQUE

PUBLIÉS PAR

LA LIBRAIRIE POLYTECHNIQUE CH. BÉRANGER

SUCCESSEUR DE BAUDRY ET Cⁱᵉ

15, RUE DES SAINTS-PÈRES, PARIS

21, RUE DE LA RÉGENCE, LIÈGE

———

Le Catalogue complet est envoyé franco sur demande

———

MÉTALLURGIE

Métallurgie du fer.

Manuel théorique et pratique de la métallurgie du fer, par A. LEDEBUR, professeur de métallurgie à l'Ecole des mines de Freiberg (Saxe), traduit de l'allemand par BARBARY DE LANGLADE, ancien élève de l'Ecole polytechnique, ingénieur civil des mines, maître de forges ; revu et annoté par F. VALTON, ingénieur civil des mines, ancien chef de service des hauts-fourneaux et aciéries de Terre-Noire. 2 volumes grand in-8°, avec 350 figures dans le texte, reliés... 45 fr.

Métallurgie de l'acier.

La métallurgie de l'acier, par HENRY MARION HOWE, professeur à Boston (Etats-Unis), traduit par OCTAVE HOCK, ingénieur aux usines à tubes de la Société d'Escaut et Meuse, à Anzin, ancien chef de service des aciéries d'Isbergues. 1 volume in-4°, avec de nombreuses figures dans le texte, relié... 75 fr.

Métallurgie.

Album du cours de métallurgie professé à l'Ecole centrale des arts et manufactures, par JORDAN, ingénieur d'usines métallurgiques, professeur à l'Ecole centrale. 1 atlas de 140 planches in-folio, cotées et à l'échelle, et 1 volume grand in-8°.................................... 80 fr.

Métallurgie.

Traité complet de métallurgie, comprenant l'art d'extraire les métaux de leurs minerais et de les adapter aux divers usages de l'industrie, par PERCY, professeur à l'Ecole des mines de Londres. Traduit avec l'autori-

sation et sous les auspices de l'auteur, avec introduction, notes et appendices, par A.-E. PETITGAND et A. RONNA, ingénieurs. 5 volumes grand in-8°, avec de nombreuses gravures............................... 75 fr.
Chaque volume se vend séparément........................ 18 fr.

Métallurgie.

Cours de métallurgie professé à l'Ecole des mines de Saint-Etienne, par URBAIN LE VERRIER, ingénieur des mines.
1ʳᵉ *partie :* Métallurgie des métaux autres que le fer, comprenant la métallurgie du plomb, du cuivre, du zinc, de l'étain, de l'antimoine et du bismuth, du nickel et colbat, du mercure, de l'argent, de l'or et du platine. 1 volume in-4°, avec 43 planches...................... 18 fr.
2ᵉ *partie :* Métallurgie générale. 1 volume in-4°, avec 36 planches. 25 fr.
3ᵉ *partie :* Métallurgie de la fonte. 1 volume in-4°, avec 17 planches.   18 fr.

Métallurgie : Cuivre, plomb, argent et or.

Traité théorique et pratique de métallurgie : Cuivre, plomb, argent et or, par C. SCHNABEL, professeur de métallurgie et de chimie technologie à l'Académie des mines de Clausthal (Harz), traduit de l'allemand par le Dʳ L. GAUTIER. 1 volume grand in-8°, avec 586 figures dans le texte, relié.. 40 fr.

Métallurgie : Zinc, mercure, étain, etc.

Traité théorique et pratique de métallurgie : zinc, cadmium, mercure, bismuth, étain, antimoine, arsenic, nickel, cobalt, platine, aluminium, par C. SCHNABEL, professeur de métallurgie et de chimie technologique à l'Académie des mines de Clausthal (Harz), traduit de l'allemand par le Dʳ L. GAUTIER. 1 volume grand in-8°, avec 373 figures dans le texte, relié.. 30 fr.

Electrométallurgie.

Traité d'électrométallurgie. Magnésium, lithium, glucinium, sodium, potassium, calcium, aluminium, cerium, lanthane, didyme, cuivre, argent, or, zinc, cadmium, mercure, étain, plomb, bismuth, antimoine, chrome, manganèse, fer, nickel, cobalt, platine, etc., par W. BORCHERS, professeur à l'Ecole de métallurgie de Duisburg, traduit d'après la deuxième édition allemande, par le Dʳ L. GAUTIER. 1 volume grand in-8°, avec 198 figures dans le texte, relié... 25 fr.

Trempe de l'acier.

Etude sur la trempe de l'acier. Etude des métaux employés; description des appareils ; étude des transformations du fer et du carbone ; influence de la température de trempe sur les propriétés mécaniques ; essais divers, par GEORGES CHAMPY, ancien élève de l'Ecole Polytechnique, docteur ès sciences physiques, ingénieur au laboratoire central de l'artillerie de marine ; avec 29 figures dans le texte et de nombreux tableaux. Ce mémoire a paru dans la livraison de juin 1895 du *Bulletin de la Société d'Encouragement*. Prix de la livraison............................... 5 fr.

Trempe de l'acier.

Théorie et pratique de la trempe de l'acier, par FRIDOLIN REISER, directeur de l'aciérie de Kapfenberg, 2ᵉ édition, traduit de l'allemand par

Barbary de Langlade, ancien élève de l'Ecole polytechnique, ingénieur civil des mines, maître de forges. 1 volume in-8°, relié........ 7 fr. 50

Préparation des minerais.

Traité pratique de la préparation des minerais, manuel à l'usage des praticiens et des ingénieurs des mines, par C. Linkenbach, ingénieur des usines à plomb argentifère d'Ems, traduit de l'allemand par M. H. Courtrot, ingénieur des mines. 1 volume grand in-8° avec 24 planches, relié.. 30 fr.

Laminage du fer et de l'acier.

Traité théorique et pratique du laminage du fer et de l'acier, par Léon Geuze, ingénieur principal à la société anonyme des forges et aciéries du Nord et de l'Est, à Valenciennes. 1 volume grand in-8°, relié et 1 atlas de 81 planches renfermées dans un carton......................... 25 fr.

Hauts-fourneaux.

Construction et conduite de hauts-fourneaux et fabrication des diverses fontes, par A. de Vathaire, ancien directeur des hauts-fourneaux de Bessèges, Saint-Louis, Marnaval, Forges de Champagne et Balaruc. 1 volume grand in-8°, et 1 atlas in-4° de 16 planches................... 18 fr.

Cylindres de laminoirs.

Fabrication des cylindres de laminoirs, par Deny. 1 volume in-8°, avec 3 planches... 5 fr.

Galvanisation à froid.

La galvanisation à froid ou zingage électro-chimique, par L. Quivy, 1 brochure grand in-8°, avec figures dans le texte........... 2 fr. 50

CHIMIE

Histoire de la chimie.

Histoire de la chimie. I. Histoire des grandes lois chimiques. — II. Histoire des métalloïdes et de leurs principaux composés. — III. Histoire des métaux et de leurs principaux composés. — IV. Histoire de la chimie organique, par R. Jagnaux. 2 volumes grand in-8°, contenant plus de 1.500 pages... 32 fr.

Aide-mémoire du chimiste.

Aide-mémoire du chimiste, Chimie inorganique, chimie organique, documents chimiques, documents physiques, documents minéralogiques, etc., par R. Jagnaux. 1 beau volume contenant environ 1.000 pages, avec figures dans le texte, solidement relié en maroquin.................. 15 fr.

Vade-Mecum du fabricant de produits chimiques.

Vade-mecum du fabricant de produits chimiques, par le Dr G. Lunge, professeur de chimie industrielle à l'Ecole Polytechnique fédérale de Zurich, traduit de l'allemand sur la 2e édition par V. Hassreidter et Prost, chimistes industriels. 1 volume in-12, avec figures dans le texte, relié.. 7 fr. 50

Traité de chimie.

Traité de chimie avec la notation atomique, à l'usage des élèves de l'enseignement primaire supérieur, de l'enseignement secondaire moderne et classique, des candidats aux écoles du gouvernement et aux élèves de ces écoles, par Louis SERRES, ancien élève de l'Ecole Polytechnique, professeur de chimie à l'Ecole municipale supérieure Jean-Baptiste Say. 1 volume grand in-8°, avec figures dans le texte............... 10 fr.

Chimie organique.

Traité élémentaire de chimie organique, par A. BERNTHSEN, directeur scientifique de la Société *Badische anilin und soda fabrick*, ancien professeur à l'Université de Heidelberg, 1re édition française traduite de l'allemand sur la 6e édition par M. CHOFFEL (*Introduction et série aromatique*) et E. SUAIS (*série grasse*), Chimistes au laboratoire de recherches de l'usine Poirier. 1 volume in-8°, relié........................ 15 fr.

Chimie appliquée à l'industrie.

Traité de chimie appliquée à l'industrie, ADOLPHE RENARD, docteur ès sciences, professeur de chimie appliquée à l'Ecole supérieure des sciences de Rouen. 1 volume grand in-8°, avec 225 figures dans le texte.   20 fr.

Analyse chimique.

Traité d'analyse chimique des substances commerciales, minérales et organiques, par R. JAGNAUX. 2e édition. 1 volume grand in-8°, avec figures dans le texte, relié.. 20 fr.

Dictionnaire d'analyse.

Dictionnaire d'analyse des substances organiques, industrielles et commerciales, par ADOLPHE RENARD, docteur ès sciences, professeur de chimie à l'Ecole supérieure des sciences de Rouen. 1 volume in-8°, avec figures dans le texte, relié....................................... 10 fr.

Méthodes de travail pour le laboratoire.

Méthodes de travail pour les laboratoires de chimie organique, par le Dr LASSAR COHN, professeur de chimie à l'Université de Kœnisberg, traduit de l'allemand par E. ACKERMANN, ingénieur civil des mines. 1 volume in-12, avec figures dans le texte, relié........................ 7 fr. 50

Docimasie.

Docimasie. Traité d'analyse des substances minérales, par RIVOT, ingénieur en chef des mines, professeur de docimasie à l'Ecole des mines de Paris. 2e édition, 5 volumes grand in-8°...................... 50 fr.

Épuration des eaux.

Traité de l'épuration des eaux naturelles et industrielles ; analyse et essais des eaux, inconvénients de l'impureté des eaux, examen des procédés physiques employés à l'épuration des eaux, épuration ou correction chimique, systèmes mixtes, correction des eaux dans les chaudières, description et examen critique des appareils, épuration des eaux résiduelles, par DELHOTEL. 1 volume grand in-8°, avec 147 figures dans le texte, relié .... 15 fr.

Fabrication du gaz.

Traité théorique et pratique de la fabrication du gaz et de ses divers emplois, à l'usage des ingénieurs, directeurs et constructeurs d'usines à gaz, par EDMOND BORIAS, ingénieur des arts et manufactures, directeur d'usines à gaz. 1 volume in-8°, avec figures dans le texte, relié.   25 fr.

GÉOLOGIE ET EXPLOITATION DES MINES

Traité de minéralogie.

Traité de minéralogie à l'usage des candidats à la licence ès sciences physiques et des candidats à l'agrégation des sciences naturelles, par WALLERANT, professeur à la Faculté des sciences de Rennes. 1 volume grand in-8°, avec 341 figures dans le texte................... 12 fr. 50

Les minéraux de roches.

Les minéraux des roches. 1° Application des méthodes minéralogiques et chimiques à leur étude microscopiques, par A. MICHEL LÉVY, ingénieur en chef des mines. 2° Données physiques et optiques, par A. MICHEL LÉVY et LACROIX. 1 volume grand in-8°, avec de nombreuses figures dans le texte et 1 planche en couleurs (*Tableau des biréfringences*)... 12 fr. 50

Tableaux des minéraux des roches.

Tableaux des minéraux des roches. Résumé de leurs propriétés optiques, cristallographiques et chimiques, par A. MICHEL LÉVY et LACROIX. 1 volume in-4°, relié... 6 fr.

Roches éruptives.

Structure et classification des roches éruptives, par A. MICHEL LÉVY, ingénieur en chef des mines. 1 volume grand in-8°.............. 5 fr.

Détermination des feldspaths.

Etude sur la détermination des feldspaths dans les plaques minces, au point de vue de la classification des roches, par A. MICHEL LÉVY, ingénieur en chef des mines. 2 volumes grand in-8°, avec 18 figures dans le texte et 23 planches en couleurs.................................... 15 fr.

Minéralogie de la France.

Minéralogie de la France et de ses colonies. Description physique et chimique des minéraux, étude des conditions géologiques de leurs gisements, par A. LACROIX.

Tome Ier. 1 volume grand in-8°, avec figures dans le texte....   30 fr.
Tome II. 1 volume grand in-8° avec figures dans le texte.....   30 fr.
NOTA. — Le tome III et dernier est en préparation.

Méthodes de synthèse en minéralogie.

Les méthodes de synthèse en minéralogie. Les productions spontanées des minéraux contemporains. Les synthèses accidentelles. — Les syn thèses rationnelles : les méthodes de la voie sèche ; les méthodes de la voie mixte; les méthodes de la voie humide. Cours professé au Muséum d'histoire naturelle par STANISLAS MEUNIER. 1 volume grand in-8°, avec figures dans le texte...................................... 12 fr. 50

Traité des gîtes minéraux et métallifères.

Traité des gîtes minéraux et métallifères. Recherche, étude et conditions d'exploitation des minéraux utiles. Description des principales mines connues. Usages et statistiques des métaux. Cours de géologie appliquée de l'Ecole supérieure des mines, par ED. FUCHS, ingénieur en chef des mines, professeur à l'Ecole supérieure des mines, et DE LAUNAY, ingénieur des mines, professeur à l'Ecole supérieure des mines. 2 volumes grand in-8°, avec figures dans le texte et 2 cartes en couleur, relié.......... 60 fr.

Étude industrielle des gîtes métallifères.

Etude industrielle des gîtes métallifères. — Classification des gîtes; formation des fractures et cavités; remplissage des gîtes; gîtes sédimentaires; les minerais; gîtes caractéristiques; études minières; traitement des minerais; étude économique d'un gîte, par G. MOREAU, ingénieur des mines. 1 volume grand in-8°, avec figures dans le texte, relié.. 20 fr.

Cours de géologie.

Cours de géologie. Phénomènes actuels, constitution générale de l'écorce du globe, stratigraphie, par E. NIVOIT, inspecteur général des mines, membre de la Société nationale d'Agriculture de France, professeur à l'Ecole nationale des Ponts et Chaussées. 1 volume de 600 pages, grand in-8°, avec 431 figures................................ 20 fr.

Géologie de la France.

Géologie de la France, par BURAT, ingénieur, professeur à l'Ecole centrale des arts et manufactures. 1 volume grand in-8°, avec de nombreuses figures intercalées dans le texte.............................. 16 fr.

Carte géologique de la France au 80 millième.

Carte géologique détaillée de la France à l'échelle du 80 millième, publiée par le ministère des Travaux publics, comprenant 267 feuilles de 94 centimètres sur 72 centimètres.

PRIX DE CHAQUE FEUILLE ACCOMPAGNÉE DE SA NOTICE EXPLICATIVE

En feuilles... 6 fr.
Collée sur toile et pliée..................................... 10 fr.
Ajouter 1 fr. 35 par envoi pour l'emballage et l'affranchissement des cartes en feuilles.

Carte géologique de la France au 320 millième.

Carte géologique de la France à l'échelle de 320000° publiée par le ministère des Travaux publics. Chaque feuille de la carte au 320000° comprendra le contenu de 16 feuilles de la carte au 80000°.
Prix : chaque feuille collée sur toile et pliée................. 10 fr.
En feuille,.. 6 fr.

Carte géologique de la France au millionième.

Carte géologique de la France à l'échelle du millionième exécutée en utilisant les documents publiés par le service de la carte géologique détaillée de la France par un comité composé de MM. Barrois, Bergeron, Bertrand, Depéret, Fabre, Fontannes, Fouqué, Gosselet, Jacquot, Lecornu, Lory, Michel Lévy, Potier et Vélain, sous la direction de MM. Jacquot, inspecteur général des mines, et Michel Lévy, ingénieur en chef des mines. 4 feuilles de 65 centimètres sur 60 centimètres, imprimée en 41 couleurs.

Prix : collée sur toile et pliée.................................. 15 fr.
Collée sur toile, montée sur rouleaux et vernie.............. 20 fr.
En feuilles,.. 9 fr. 50

Ajouter 1 fr. 35 par envoi pour l'emballage et l'affranchissement des cartes en feuille, et 2 fr. 25 pour l'emballage et l'affranchissement des cartes montées sur rouleaux.

L'Ardenne.

L'Ardenne, par J. Gosselet, professeur de géologie à la Faculté des sciences de Lille. 1 volume in-4° contenant 26 planches en héliogravure tirées en taille douce, 243 figures intercalées dans le texte et 11 planches de cartes et de coupes géologiques........................... 50 fr.

Carte géologique des environs de Paris.

Carte géologique des environs de Paris à l'échelle du 40 millième, publiée par le ministère des Travaux publics, comprenant 4 feuilles de 84 centimètres sur 64 centimètres chacune.

Prix : En feuilles.. 15 fr
Collée sur toile en 4 feuilles et pliée..................... 25 fr.
Collée sur toile, montée sur rouleaux et vernie.......... 30 fr.

Ajouter 1 fr. 35 par envoi pour l'emballage et l'affranchissement des cartes en feuilles et 2 fr. 25 pour l'emballage et l'affranchissement des cartes montées sur rouleaux.

Carte géologique de l'Algérie.

Carte géologique de l'Algérie à l'échelle du 300 millième, publiée par le ministère des Travaux publics, sous la direction de MM. Pomel, directeur de l'École supérieure des sciences d'Alger, et Pouyanne, ingénieur en chef des mines, 4 feuilles de 78 centimètres sur 58 centimètres, accompagnées d'un volume grand in-8°.

Prix : Collée sur toile et pliée............................... 21 fr.
Collée sur toile, montée sur rouleaux et vernie.......... 26 fr.
En feuilles... 15 fr.

Ajouter 1 fr. 35 par envoi pour l'emballage et l'affranchissement des cartes en feuilles et 2 fr. 25 pour l'emballage et l'affranchissement des cartes montées sur rouleaux.

Bulletin de la carte géologique de la France.

Bulletin des services de la carte géologique de la France et des topographies souterraines (ministère des Travaux publics), publié sous la direction de M. Michel Lévy, ingénieur en chef des mines, avec le concours des professeurs, des géologues et des ingénieurs qui collaborent à la carte géologique détaillée de la France et aux topographies souterraines publiées par le ministère des Travaux publics.

Ce Bulletin paraît depuis le mois d'août 1889 par fascicules contenant chacun un mémoire complet dont la réunion forme chaque année un beau volume grand in-8° accompagné d'un grand nombre de planches et avec nombreuses figures intercalées dans le texte.

Prix de l'abonnement... 20 fr.

Prix de l'année parue.. 20 fr.

Les tomes I à X (Bulletins n° 1 à 69) sont complets. Le tome XI commence avec le bulletin n° 70.

Législation des mines.

Législation des mines française et étrangère, 2° tirage augmenté d'un index alphabétique, par Louis Aguillon, ingénieur en chef, professeur à l'Ecole des mines de Paris. 3 volumes grand in-8°................ 40 fr.

Codes miniers.

Codes miniers. Recueil des lois relatives à l'industrie des mines dans les divers pays, publié sous la direction du Comité central des houillères de France.

Russie, 1 volume grand in-8°................................ 15 fr.

Belgique, 1 volume grand in-8°............................. 10 fr.

Aide-mémoire du mineur.

Aide-mémoire du mineur. Description des principales matières minérales, programme d'une exploitation minière, sondages, abattage, percement des galeries, forage des puits, ventilation, éclairage, assèchement des mines, transports, extraction, translation des ouvriers, emploi de l'air comprimé, emploi de l'électricité, méthodes d'exploitation, levé des plans de mines, législation des mines, glossaire français-anglais-espagnol, tables et renseignements divers, par Paul-F. Chalon, ingénieur des arts et manufactures. 1 volume in-12, relié............................... 6 fr.

Exploitation des mines.

Exploitation des mines, — Gîtes minéraux. — Minéraux utiles non métallifères. — Minerais. — Eaux souterraines. — Marche générale d'une exploitation, recherches, aménagements. — Transmission de la force dans les mines. — Travaux d'excavation, outillage et procédés de l'abatage. — Sondages. — Puits, galeries, tunnels. — Aérage, éclairage. — Transports souterrains. — Extraction, descente des remblais, translation des ouvriers. Assèchement des mines. — Méthode d'exploitation. — Sièges d'exploitation, transports extérieurs, manipulations au jour. — Préparation mécanique des minerais, épuration de la houille. — Accidents, personnel, loi des mines, prix de revient, par E.-J. Donon, ingénieur civil, répétiteur à l'Ecole centrale. 1 volume grand in-8°, avec figures dans le texte.. 25 fr.

Exploitation des mines.

Cours d'exploitation des mines, professé à l'Ecole centrale des arts et manufactures, par Burat. 1 volume grand in-8° et 1 atlas in-4° de 143 planches doubles... 80 fr.

Air comprimé.

Traité élémentaire de l'air comprimé, par Joseph Costa, ingénieur civil, ancien élève de l'Ecole polytechnique. 1 volume grand in-8° avec 20 figures dans le texte.. 5 fr.

Moyens de transport.

Les moyens de transport appliqués dans les mines, les usines et les travaux publics, voitures, tramways, chemins de fer, plans inclinés, trainage par câble et par chaîne, etc., organisation et matériel, par A. Evrard, directeur des aciéries et forges de Firminy, 2 volumes in-8°, avec 1 atlas de 123 planches in-folio contenant 1.400 figures................ 100 fr.

Atlas du comité des houillères.

Atlas du comité central des houillères de France. Cartes des bassins houillers de la France, de la Grande-Bretagne, de la Belgique et de l'Allemagne, accompagnée d'une description technique générale et de renseignements statistiques et commerciaux, par E. Gruner, ingénieur civil des mines. 1 volume in-4°, avec 39 planches imprimées en couleur. 40 fr.

ÉLECTRICITÉ

Traité d'électricité et de magnétisme.

Traité d'électricité et de magnétisme. Théorie et applications, instruments et méthodes de mesures électriques. Cours professé à l'Ecole supérieure de télégraphie, par A. Vaschy, ingénieur des télégraphes, examinateur d'entrée à l'Ecole Polytechnique. 1 volume grand in-8°, avec de nombreuses figures dans le texte............................ 25 fr.

Théorie de l'électricité.

Théorie de l'électricité. Exposé des phénomènes électriques et magnétiques fondé uniquement sur l'expérience et le raisonnement, par A. Vaschy, ingénieur des télégraphes, examinateur d'admission à l'Ecole Polytechnique. 1 volume grand in-8°, avec 74 figures dans le texte, relié. 20 fr.

Traité pratique d'électricité.

Traité pratique d'électricité à l'usage des ingénieurs et constructeurs. Théorie mécanique du magnétisme et de l'électricité, mesures électriques, piles, accumulateurs et machines électrostatiques, machines dynamo-électriques, génératrices, transport, distribution et transformation de l'énergie électrique, utilisation de l'énergie électrique, par Félix Lucas, ingénieur en chef des Ponts et Chaussées, administrateur des chemins de fer de l'Etat. 1 volume in-8°, avec 278 figures dans le texte. 15 fr.

Electricité industrielle.

Traité pratique d'électricité industrielle. Unités et mesures; piles et machines électriques ; éclairage électrique, transmission électrique de la force ; galvanoplastie et électro-métallurgie ; téléphonie, par E. Cadiat et L. Dubost, 5° édition. 1 volume grand in-8°, avec 277 gravures dans le texte, relié.. 16 fr. 50

Manuel pratique de l'électricien.

Manuel pratique de l'électricien. Guide pour le montage et l'entretien des installations électriques, par E. Cadiat. 3ᵉ édition. 1 volume in-12, avec 229 figures dans le texte, relié.......................... 7 fr. 50

Aide-mémoire de poche de l'électricien.

Aide-mémoire de poche de l'électricien ; guide pratique à l'usage des ingénieurs, monteurs, amateurs électriciens, etc., par Ph. Picard et A. David, ingénieurs des arts et manufactures, 2ᵉ édition. 1 petit volume format oblong de $0^m,125 \times 0^m,08$ relié en maroquin..... 5 fr.

Contrôle des installations électriques.

Contrôle des installations électriques au point de vue de la sécurité. Le courant électrique, production et distribution de l'énergie, effets dangereux des courants, contrôle à l'usine, contrôle du réseau, des installations intérieures et des installations spéciales, résultats d'exploitation, règlements français et étrangers, par A. Monmerqué, ingénieur en chef des Ponts et Chaussées, ancien ingénieur des services de la première section des travaux de Paris et du secteur municipal d'électricité, précédé d'une préface de M. Hippolyte Fontaine, président honoraire de la chambre syndicale des électriciens. 1 volume in-8ᵒ, avec de nombreuses figures dans le texte, relié... 10 fr.

Electricité industrielle.

Traité d'électricité industrielle théorique pratique. — Electricité statique et magnétisme. Electrométrie. Magnétométrie. Electro-cinétique. Electromagnétisme. Induction électro-magnétique. Machines dynamo-électriques. Transmission de l'énergie mécanique. Installations d'usines. Eclairage électrique. Application de l'électricité aux chemins de fer, par Marcel Deprez, membre de l'Institut, professeur d'électricité industrielle au Conservatoire national des arts et métiers. 2 volumes grand in-8ᵒ, avec de nombreuses figures dans le texte, paraissant en 4 fascicules.

Prix de souscription à l'ouvrage complet..................... 40 fr.
Chaque fascicule se vend séparément....................... 12 fr.

Courants polyphasés.

Courants polyphasés et alterno-moteurs. Théorie, construction; mode de fonctionnement et qualités des générateurs et des moteurs à courants alternatifs et polyphasés ; transformateurs polyphasés et mesure de la puissance dans les systèmes polyphasés, par Silvanus P. Thompson, directeur du collège technique de Finsbury, à Londres, traduit de l'anglais par par E. Boistel. 1 volume grand in-8ᵒ, avec figures dans le texte. *Epuisé. Une nouvelle édition est en préparation.*

Les transformateurs.

Les transformateurs à courants alternatifs simples et polyphasés, théorie, construction et application, par Gisbert Kapp, traduit de l'allemand, par A.-O. Dubsky et G. Chenet, ingénieurs électriciens. 1 volume in-8ᵒ, avec 132 figures dans le texte, relié............................. 12 fr.

Pile électrique.

Traité élémentaire de la pile électrique, par Alfred Niaudet. 3ᵉ édition revue par Hippolyte Fontaine, et suivie d'une notice sur les accumulateurs, par E. Hospitalier. 1 volume grand in-8°, avec gravures dans le texte........ .... 7 fr. 50

Électrolyse.

Electrolyse ; renseignements pratiques sur le nickelage, le cuivrage, la dorure, l'argenture, l'affinage des métaux et le traitement des minerais au moyen de l'électricité, par Hippolyte Fontaine. 2ᵉ édition. 1 volume grand in-8°, avec gravures dans le texte............................ 15 fr.

Électrolyse.

Etude sur le raffinage électrolytique du cuivre noir, par Hugon. 1 brochure grand in-8°.. 1 fr. 50

Constructions électro-mécaniques.

Constructions électro-mécaniques ; recueil d'exemples de construction et de calculs de machines dynamos et appareils électriques industriels, par Gisbert Kapp, traduit de l'allemand par A.-O. Dubsky et P. Girault, ingénieurs électriciens. 1 volume in-4°, avec 54 figures dans le texte et 25 planches, relié..................................... 30 fr.

Machines dynamo-électriques

Les machines dynamo-électriques, à courant continu et alternatif, par Gisbert Kapp, traduit sur la 3ᵉ édition allemande par P. Lecler, ingénieur des arts et manufactures. 1 volume in-8°, avec 200 figures dans le texte, relié.. 16 fr.

Machines dynamo-électriques.

Traité théorique et pratique des machines dynamo-électriques, par R.-V. Picou, ingénieur des arts et manufactures. 1 volume grand in-8°, avec 198 figures dans le texte.............................. 12 fr. 50

Machines dynamo-électriques.

Traité théorique et pratique des machines dynamo-électriques, par Silvanus Thompson, traduit par M. E. Boistel. 3ᵉ édition. 1 volume grand in-8°, avec figures dans le texte, relié..................... 30 fr.

Machines dynamo-électriques.

La machine dynamo-électrique, par Frœlich, traduit de l'allemand par E. Boistel. 1 volume grand in-8°, avec 62 figures dans le texte.. 10 fr.

Éclairage électrique.

Eclairage électrique de l'Exposition universelle de 1889. Monographie des travaux exécutés par le Syndicat international des électriciens, par Hippolyte Fontaine. 1 volume in-4°, avec 29 planches tirées à part et 32 gravures dans le texte, relié............................ 25 fr.

Éclairage électrique.

Manuel pratique d'éclairage électrique pour installations particulières, maisons d'habitation, usines, salles de réunion, etc., par EMILE CAHEN, ingénieur des ateliers de construction des manufactures de l'Etat. 2ᵉ édition. 1 volume in-12, avec figures dans le texte, relié........ 7 fr. 50

Éclairage électrique.

Etude pratique sur l'éclairage électrique des gares de chemins de fer, ports, usines, chantiers et établissements industriels, par GEORGE DUMONT, avec la collaboration de GUSTAVE BAIGNIÈRES. 1 volume grand in-8ᵉ, avec 2 planches... 5 fr.

Éclairage à Paris.

L'éclairage à Paris. Etude technique des divers modes d'éclairage employés à Paris sur la voie publique, dans les promenades et jardins, dans les monuments, les gares, les théâtres, les grands magasins, etc., et dans les maisons particulières. — Gaz, électricité, pétrole, huile, etc. : usines et stations centrales, canalisations et appareils d'éclairage ; organisation administrative et commerciale, rapports des compagnies avec la ville ; traités et conventions ; calcul de l'éclairement des voies publiques ; prix de revient, par HENRI MARÉCHAL, ingénieur des Ponts et Chaussées et du service municipal de la ville de Paris. 1 volume grand in-8ᵉ, avec 221 figures dans le texte, relié .... 20 fr.

Électricité.

Manuel élémentaire d'électricité, par FLÉEMING JENKIN, professeur à l'Université d'Edimbourg ; traduit de l'anglais par N. DE TÉDESCO. 1 volume in-12, avec 32 gravures..................................... 2 fr.

Les courants alternatifs d'électricité.

Les courants alternatifs d'électricité, par T.-H. BLAKESLEY, professeur au Royal Naval College de Greenwich, traduit de la 3ᵉ édition anglaise et augmenté d'un appendice, par W.-C. RECHNIÉWSKI. 1 volume in-12, avec figures dans le texte, relié................................... 7 fr. 50

Problèmes sur l'électricité.

Problèmes sur l'électricité. Recueil gradué comprenant toutes les parties de la science électrique, par le Dʳ ROBERT WÉBER, professeur à l'Académie de Neuchâtel. 3ᵉ édition. 1 volume in-12, avec figures dans le texte .... 6 fr.

Le Téléphone.

Le Téléphone, par WILLIAM-HENRI PREECE, électricien en chef du *British Post-Office*, et JULIUS MAIER, docteur ès sciences physiques. 1 volume grand in-8ᵉ, avec 290 gravures dans le texe.................... 15 fr.

Télégraphie électrique.

Traité de télégraphie électrique. — Production du courant électrique. — Organes de réception. — Premiers appareils. — Appareil Morse. — Appareils accessoires. — Installation des postes. — Propriétés électriques des lignes. — Lois de la propagation du courant. — Essais électriques, recherches des dérangements. — Appareils de translation, de décharge et de compensation. — Description des principaux appareils et des différents systèmes de transmission. — Etablissement des lignes aériennes, souterraines et sous-marines, par H. Thomas, ingénieur des télégraphes. 1 volume grand in-8°, avec 702 figures dans le texte, relié.............. 25 fr.

Télégraphie sous-marine.

Traité de télégraphie sous-marine. — Historique. — Composition et fabrication des câbles télégraphiques. — Immersion et réparation des câbles sous-marins. — Essais électriques. — Recherche des défauts. — Transmission des signaux. — Exploitation des lignes sous-marines, par Wunschendorff, ingénieur des télégraphes. 1 volume grand in-8°, avec 469 gravures dans le texte................................... 40 fr.

Tirage des mines par l'électricité.

Le tirage des mines par l'électricité, par Paul-F. Chalon, ingénieur des arts et manufactures. 1 volume in-18 jésus, avec 90 figures dans le texte. Prix, relié.. 7 fr. 50

MÉCANIQUE ET MACHINES

Portefeuille des machines.

Portefeuille économique des machines, de l'outillage et du matériel, relatifs à la construction, à l'industrie, aux chemins de fer, aux routes, aux mines, à la navigation, à l'électricité, etc. ; contenant un choix des objets les plus intéressants des expositions industrielles, fondé par Oppermann. 12 livraisons par an formant un beau volume de 50 à 60 planches et 200 colonnes de texte. Abonnements : Paris, 15 fr. — Départements et Belgique, 18 fr. — Union postale............................ 20 fr.
Prix de l'année parue, reliée............................ 20 fr.
La 3e série a commencé à paraître en 1876.
Table des matières des années 1876 à 1887.................. 0 fr. 50

Agenda Oppermann.

Agenda Oppermann, paraissant chaque année. Elégant carnet de poche contenant tous les chiffres et tous les renseignements techniques d'un usage journalier. Rapporteur d'angles, coupe géologique du globe terrestre, guide du métreur. — Résumé de géodésie. — Poids et mesures, monnaies françaises et étrangères. — Renseignements mathématiques et géométriques. — Renseignements physiques et chimiques. — Résistance des matériaux. — Electricité. — Règlements administratifs. — Dimensions du commerce. — Prix courants et série de prix. — Tarifs des Postes et Télégraphes. Relié en toile, 3 fr. ; en cuir, 5 fr. — Pour l'envoi par la poste, 25 c. en plus.

Aide-mémoire de l'ingénieur.

Aide-mémoire de l'ingénieur. Mathématiques, mécanique, physique et chimie, résistance des matériaux, statique des constructions, éléments des machines, machines motrices, constructions navales, chemins de fer, machines-outils, machines élévatoires, technologie, métallurgie du fer, constructions civiles, législation industrielle. Troisième édition française du Manuel de la Société « Hütte », par PHILIPPE HUGUENIN. 1 beau volume contenant plus de 1.200 pages, avec 500 figures dans le texte, solidement relié en maroquin.. 15 fr.

Mécanique générale.

Mécanique générale. Cours professé à l'Ecole centrale des arts et manufactures, par A. FLAMANT, ingénieur en chef des Ponts et Chaussées, professeur à l'Ecole nationale des Ponts et Chaussées et à l'Ecole centrale. 1 volume grand in-8°, avec 203 figures dans le texte.......... 20 fr.

Mécanique appliquée.

Cours élémentaire de mécanique appliquée, à l'usage des écoles primaires supérieures, des écoles professionnelles, des écoles d'apprentissage, des écoles industrielles, des cours techniques et des ouvriers, par BOCQUET, ingénieur, directeur de l'Ecole Diderot. 4ᵉ édition. 1 volume in-12, relié. .... 5 fr.

Résistance des matériaux.

Cours pratique de résistance des matériaux, proposé à la société d'enseignement professionnel du Rhône, par J. NOVAT, ingénieur des arts et manufactures, chef du bureau des travaux au service vicinal du Rhône, à l'usage des agents-voyers, conducteurs des Ponts et Chaussées, chefs de section, architectes, entrepreneurs, commis, etc. 1 volume in-18, contenant de nombreuses figures intercalées dans le texte, relié...... 5 fr.

Transmissions.

Calcul et construction des transmissions par le Dʳ KARL KELLER, professeur du cours de construction de machines à l'école supérieure technique de Karlsruhe, traduit en français sur la 3ᵐᵉ édition allemande, par H. SOUDÉ et DESMAREST. 1 volume grand in-8°, avec 450 figures dans le texte, relié.. 15 fr.

Traité des chaudières à vapeur.

Traité des chaudières à vapeur. Etude sur la vaporisation dans les appareils industriels, par CHARLES BELLENS, ingénieur. 1 volume grand in-8°, avec 215 figures dans le texte................................ 20 fr.

L'A B C du chauffeur.

L'A B C du chauffeur, par HENRI MATHIEU, contrôleur des mines, officier de l'Instruction publique, avec une introduction par C. WALCKENAER, ingénieur des mines. 1 volume format 0ᵐ,15 × 0ᵐ,10, avec 66 figures dans le texte, relié.. 3 fr.

Construction des machines à vapeur.

Traité pratique de la construction des machines à vapeur fixes et marines. Résumé des connaissances actuellement acquises sur les machines à vapeur, considérations relatives au type de machine et aux proportions à adopter, détermination des dimensions et des proportions des principaux organes, étude et construction de ces organes, par MAURICE DEMOULIN, ingénieur des arts et manufactures. 1 volume grand in-8°, avec 483 figures dans le texte, relié.. 20 fr.

La machine à vapeur.

La machine à vapeur. Traité général contenant la théorie du travail de la vapeur, l'examen des mécanismes de distribution et de régularisation, la description des principaux types d'appareils, l'étude de la condensation et de la production de la vapeur, par EDOUARD SAUVAGE, professeur à l'Ecole nationale supérieure des mines. 2 volumes grand in-8° jésus avec 1036 figures dans le texte, relié........................... 60 fr.

Traité de la machine à vapeur.

Traité de la machine à vapeur. Description des principaux types et théorie ; étude, construction, conduite et applications, par ROBERT H. THURSTON, directeur du « Sibley College » Cornell University, ancien président de « l'American Society of Mechanical Engineers », traduit de l'anglais et annoté par MAURICE DEMOULIN. 2 volumes grand in-8° avec de nombreuses figures dans le texte, relié....................... 60 fr.

Essais de machines et chaudières à vapeur.

Manuel pratique des essais de machines et chaudières à vapeur, par ROBERT H. THURSTON, directeur du « Sibley College » Cornell University, ancien président de « l'American Society of Mechanichal Engineers », ancien ingénieur de la marine aux Etats-Unis, traduit de l'anglaise par AUGUSTE ROUSSEL, ancien élève de l'Ecole polytechnique et de l'Ecole nationale supérieure des mines. 1 volume grand in-8°, avec de nombreuses figures dans le texte, relié................................. 25 fr.

Machines à vapeur.

Etude sur les machines à vapeur. Moteurs à vapeurs pour les petites industries et moteurs à vapeur de grandes dimensions, à l'exposition des arts et métiers de Vienne (Autriche), 1888, par A. GOUVY fils, ingénieur des arts et manufactures. 1 brochure grand in-8°, avec 3 grandes planches et 16 figures dans le texte............................... 4 fr.

Locomotives.

La machine-locomotive. Manuel pratique donnant la description des organes et du fonctionnement de la locomotive, à l'usage des mécaniciens et des chauffeurs, par EDOUARD SAUVAGE, ingénieur en chef adjoint du Matériel et de la Traction de la Cie des Chemins de fer de l'Est, 3e édition. 1 volume in-8°, avec 324 figures dans le texte, relié........ 5 fr.

Locomotives.

Traité pratique de la machine-locomotive comprenant les principes généraux relatifs à l'étude et à la construction des locomotives, la description des types les plus répandus, l'étude de la combustion, de la production et de l'utilisation de la vapeur, du rendement, des conditions de fabrication et de réception des matériaux, des proportions et du mode de construction des organes, par MAURICE DEMOULIN, ingénieur des arts et manufactures. Ouvrage précédé d'une introduction par EDOUARD SAUVAGE, professeur à l'Ecole supérieure des mines. 4 volumes grand in-8°, avec 973 figures et planches dans le texte et 6 planches hors texte, relié. .... 150 fr.

Indicateur des machines.

L'indicateur du travail et du fonctionnement des machines à piston à vapeur, à eau, à gaz, etc., et son diagramme, par VON PICHLER, traduit par R. SEGUELA, ancien élève de l'Ecole polytechnique, inspecteur au chemin de fer du Nord. 1 volume in-8°, avec 46 figures dans le texte. .... 5 fr.

Travail manuel.

Notions sur les machines et travail manuel du fer et du bois, à l'usage des écoles primaires supérieures, des écoles d'apprentissage, des écoles professionnelles, des écoles industrielles et des candidats aux écoles d'arts et métiers et à l'école des apprentis-mécaniciens de la marine à Brest, par HENRI LYONNET, professeur à l'Ecole supérieure municipale J.-B. Say. 1 volume in-12, avec 90 figures dans le texte......... 2 fr.

Physique.

Physique, par GARIEL, ingénieur en chef des Ponts et Chaussées, professeur de physique à la Faculté de médecine et à l'Ecole nationale des Ponts et Chaussées. 2 volumes grand in-8°, avec de nombreuses gravures dans le texte,... 20 fr.

Étude des combustibles.

Contribution à l'étude des combustibles ; détermination industrielle de leur puissance calorifique, par R. MAHLER, ingénieur civil des mines. 1 volume in-4°, avec figures dans le texte et 2 planches......... 5 fr.

Chaudières à vapeur.

Traité des chaudières à vapeur employées dans les manufactures, par DENFER, chef de travaux graphiques à l'Ecole centrale des arts et manufactures. 1 volume grand in-4°, accompagné de 81 planches cotées et en couleur.. 50 fr.

Épreuves des chaudières à vapeur.

Note sur les épreuves des chaudières à vapeur suivie de la loi du 21 juillet 1856, concernant les contraventions aux règlements sur les appareils et bateaux à vapeur et la loi du 18 juillet 1892 fixant les nouvelles taxes d'épreuves des appareils à vapeur et leur mode de perception, par H. MATHIEU, contrôleur des mines. 1 brochure grand in-8°.. 1 fr. 50

Manuel du chauffeur.

Guide manuel du chauffeur, par GOUJET, constructeur-mécanicien. 1 volume grand in-8°... 3 fr. 50

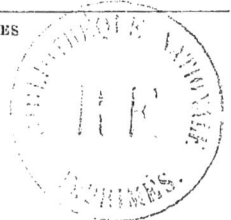

Tours, imprimerie DESLIS FRÈRES

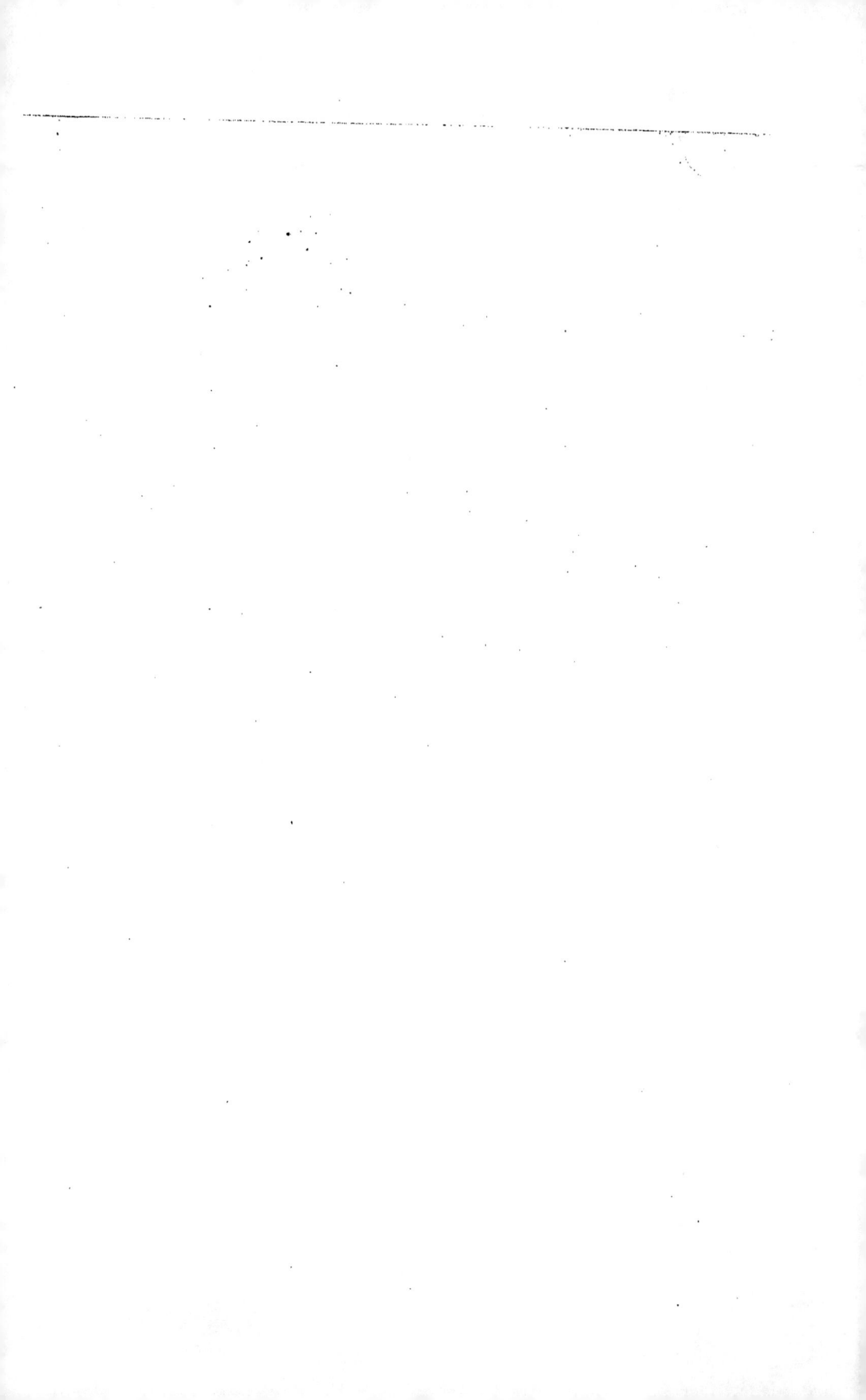